InDesign CS6
标准培训教程

数字艺术教育研究室 编著

U0346940

人民邮电出版社

北京

图书在版编目（CIP）数据

InDesign CS6标准培训教程 / 数字艺术教育研究室
编著. —— 北京 ：人民邮电出版社, 2018.10
ISBN 978-7-115-49111-4

Ⅰ. ①I… Ⅱ. ①数… Ⅲ. ①电子排版－应用软件－
教材 Ⅳ. ①TS803.23

中国版本图书馆CIP数据核字(2018)第192143号

内 容 提 要

本书全面系统地介绍 InDesign CS6 的基本操作方法和版式设计的技巧，包括 InDesign CS6 入门知识、绘制和编辑图形对象、路径的绘制与编辑、编辑描边与填充、编辑文本、处理图像、版式编排、表格与图层、页面编排、编辑书籍和目录，以及商业案例实训等内容。

本书内容以课堂案例为主线，通过对各案例实际操作的讲解，使读者可以快速上手，熟悉软件功能和艺术设计思路。书中的软件功能解析部分可以使读者深入学习软件功能；课堂练习和课后习题可以拓展读者的实际应用能力，提高读者的软件使用技巧；商业案例实训可以帮助读者快速掌握商业图形图像的设计理念和设计元素，顺利达到实战水平。

本书附带学习资源，内容包括书中所有案例的素材及效果文件，读者可通过网络下载的方式获取这些资源，具体方法请参看本书前言。

本书适合作为相关院校和培训机构艺术专业课程的教材，也可作为 InDesign 自学人士的参考用书。

◆ 编　　著　数字艺术教育研究室
　　责任编辑　张丹丹
　　责任印制　陈　犇
◆ 人民邮电出版社出版发行　　北京市丰台区成寿寺路 11 号
　　邮编　100164　电子邮件　315@ptpress.com.cn
　　网址　http://www.ptpress.com.cn
　　河北画中画印刷科技有限公司印刷
◆ 开本：700×1000　1/16
　　印张：16
　　字数：375 千字　　　　　　　　2018 年 10 月第 1 版
　　印数：1-2 500 册　　　　　　　2018 年 10 月河北第 1 次印刷

定价：59.80 元
读者服务热线：(010)81055410　印装质量热线：(010)81055316
反盗版热线：(010)81055315
广告经营许可证：京东工商广登字 20170147 号

前　言

　　InDesign CS6是由Adobe公司开发的一款专业设计排版软件，它功能强大、易学易用，深受版式编排人员和平面设计师的喜爱，已经成为这一领域非常流行的软件。目前，我国很多院校和培训机构的艺术专业，都将InDesign作为一门重要的课程。为了帮助院校和培训机构的教师比较全面、系统地讲授这门课程，使读者能够熟练地使用InDesign CS6来进行设计创意，数字艺术教育研究室组织院校从事InDesign教学的教师和专业平面设计公司经验丰富的设计师共同编写了本书。

　　我们对本书的编写体系做了精心的设计，按照"课堂案例—软件功能解析—课堂练习—课后习题"这一思路进行编排，力求通过课堂案例演练，使读者快速熟悉软件功能和艺术设计思路；通过软件功能解析，使读者深入学习软件功能和使用技巧；通过课堂练习和课后习题，拓展读者的实际应用能力。在内容编写方面，我们力求通俗易懂，细致全面；在文字叙述方面，我们注意言简意赅、突出重点；在案例选取方面，我们强调案例的针对性和实用性。

　　本书附带学习资源，内容包括书中所有案例的素材及效果文件。读者在学完本书内容以后，可以调用这些资源进行深入练习。扫描"资源下载"二维码，关注我们的微信公众号，即可获得资源文件下载方式。如需资源下载技术支持，请致函szys@ptpress.com.cn。同时，读者可以扫描"在线视频"二维码观看本书所有案例视频。另外，购买本书作为授课教材的教师可以通过扫描封底"新架构"二维码联系我们，我们将为您提供教学大纲、备课教案、教学PPT，以及课堂案例、课堂练习和课后习题的教学视频等相关教学资源包。本书的参考学时为58学时，其中实训环节为22学时，各章的参考学时请参见下面的学时分配表。

资源下载

在线视频

章　序	课程内容	学时分配	
		讲　授	实　训
第1章	InDesign CS6入门知识	1	
第2章	绘制和编辑图形对象	4	2
第3章	路径的绘制与编辑	3	2
第4章	编辑描边与填充	3	2
第5章	编辑文本	4	2
第6章	处理图像	3	

章　序	课程内容	学时分配	
		讲　授	实　训
第7章	版式编排	3	2
第8章	表格与图层	4	2
第9章	页面编排	4	2
第10章	编辑书籍和目录	3	2
第11章	商业案例实训	4	4
学时总计		36	22

由于时间仓促，编者水平有限，书中难免存在错误和不妥之处，敬请广大读者批评指正。

编　者

2018年8月

目　录

第1章　InDesign CS6入门知识 001

1.1　InDesign CS6中文版的操作界面 002

　1.1.1　介绍操作界面 002

　1.1.2　使用菜单 002

　1.1.3　使用控制面板 003

　1.1.4　使用工具箱 003

　1.1.5　使用面板 004

　1.1.6　状态栏 005

1.2　文件的基本操作 006

　1.2.1　新建文件 006

　1.2.2　打开文件 007

　1.2.3　保存文件 007

　1.2.4　关闭文件 008

1.3　视图与窗口的基本操作 008

　1.3.1　视图的显示 008

　1.3.2　窗口的排列 010

　1.3.3　预览文档 010

　1.3.4　显示设置 011

　1.3.5　显示或隐藏框架边缘 011

第2章　绘制和编辑图形对象 012

2.1　绘制图形 013

　2.1.1　课堂案例——绘制卡通头像 013

　2.1.2　矩形和正方形 016

　2.1.3　椭圆形和圆形 017

　2.1.4　多边形 017

　2.1.5　星形 018

　2.1.6　形状之间的转换 019

2.2　编辑对象 019

　2.2.1　课堂案例——绘制卡通机器人 019

　2.2.2　选取对象和取消选取 024

　2.2.3　缩放对象 026

　2.2.4　移动对象 027

　2.2.5　镜像对象 029

　2.2.6　旋转对象 029

　2.2.7　倾斜变形对象 030

　2.2.8　复制对象 031

　2.2.9　删除对象 032

　2.2.10　撤销和恢复对象的操作 032

2.3　组织图形对象 032

　2.3.1　课堂案例——制作运动海报 032

　2.3.2　对齐对象 034

　2.3.3　分布对象 035

　2.3.4　对齐基准 035

　2.3.5　用辅助线对齐对象 036

　2.3.6　对象的排序 036

　2.3.7　编组 037

　2.3.8　锁定对象位置 037

课堂练习——制作ICON图标 038

课后习题——绘制游戏图标 038

第3章 路径的绘制与编辑 039

3.1 绘制并编辑路径 040

3.1.1 课堂案例——绘制信纸 040

3.1.2 路径 042

3.1.3 直线工具 042

3.1.4 铅笔工具 043

3.1.5 平滑工具 043

3.1.6 抹除工具 043

3.1.7 钢笔工具 043

3.1.8 选取、移动锚点 045

3.1.9 增加、删除、转换锚点 046

3.1.10 连接、断开路径 046

3.2 复合形状 048

3.2.1 课堂案例——绘制橄榄球图标 048

3.2.2 复合形状 050

课堂练习——绘制卡通汽车 052

课后习题——绘制海滨插画 052

第4章 编辑描边与填充 053

4.1 编辑填充与描边 054

4.1.1 课堂案例——绘制春天插画 054

4.1.2 编辑描边 060

4.1.3 标准填充 063

4.1.4 渐变填充 064

4.1.5 "色板"面板 066

4.1.6 创建和更改色调 069

4.1.7 在对象之间复制属性 069

4.2 效果面板 070

4.2.1 课堂案例——制作房地产名片 070

4.2.2 透明度 072

4.2.3 混合模式 072

4.2.4 特殊效果 073

4.2.5 清除效果 073

课堂练习——绘制电话图标 074

课后习题——绘制小丑头像 074

第5章 编辑文本 075

5.1 编辑文本及文本框 076

5.1.1 课堂案例——制作糕点宣传单 076

5.1.2 使用文本框 078

5.1.3 添加文本 079

5.1.4 串接文本框 080

5.1.5 设置文本框属性 082

5.1.6 编辑文本 082

5.1.7 随文框 083

5.2 文本效果 085

5.2.1 课堂案例——制作糕点宣传单内页 085

5.2.2 文本绕排 087

5.2.3 路径文字 089

5.2.4 从文本创建路径 091

课堂练习——制作入场券 092

课后习题——制作飞机票宣传单 092

第6章 处理图像 093

6.1 置入图像 094

6.1.1 课堂案例——制作相机广告 094

6.1.2 关于位图和矢量图形 099

6.1.3 置入图像的方法 099

6.2 管理链接和嵌入图像 101

6.2.1 链接面板 101

6.2.2 使用链接面板 101

6.2.3 将图像嵌入文件 102

6.2.4 更新、恢复和替换链接 103

6.3 使用库 104

6.3.1　创建库 ……………………… 104

6.3.2　将对象或页面添加到库中 ………… 104

6.3.3　将库中的对象添加到文档中 … 106

6.3.4　管理库对象 ………………… 107

课堂练习——制作新年卡片 ……………108

课后习题——制作甜品宣传单 ……………108

第7章　版式编排 ………………………… **109**

7.1　字符格式控制 ………………………110

7.1.1　课堂案例——制作购物招贴 ………110

7.1.2　字体 ………………………………116

7.1.3　行距 ………………………………117

7.1.4　调整字偶间距和字距 ………………118

7.1.5　基线偏移 …………………………118

7.1.6　使字符上标或下标 ………………119

7.1.7　下画线和删除线 …………………119

7.1.8　缩放文字 …………………………120

7.1.9　倾斜文字 …………………………120

7.1.10　旋转文字 ………………………120

7.1.11　调整字符前后的间距 ……………121

7.1.12　更改文本的颜色和渐变 …………121

7.1.13　为文本添加效果 …………………122

7.1.14　更改文字的大小写 ………………122

7.1.15　直排内横排 ……………………122

7.1.16　为文本添加拼音 …………………123

7.1.17　对齐不同大小的文本 ……………123

7.2　段落格式控制 ………………………124

7.2.1　调整段间距 ………………………125

7.2.2　首字下沉 …………………………125

7.2.3　项目符号和编号 …………………125

7.3　对齐文本 ……………………………128

7.3.1　课堂案例——制作风景台历 ………128

7.3.2　对齐文本 …………………………131

7.3.3　设置缩进 …………………………131

7.3.4　创建悬挂缩进 ……………………132

7.3.5　制表符 ……………………………133

7.4　字符样式和段落样式 ………………134

7.4.1　创建字符样式和段落样式 …………134

7.4.2　编辑字符样式和段落样式 ………136

课堂练习——制作红酒广告 ……………138

课后习题——制作圣诞节海报 …………138

第8章　表格与图层 ……………………… **139**

8.1　表格 …………………………………140

8.1.1　课堂案例——制作汽车广告 ………140

8.1.2　表的创建 …………………………145

8.1.3　选择并编辑表 ……………………147

8.1.4　设置表的格式 ……………………150

8.1.5　表格的描边和填色 …………………153

8.2　图层的操作 …………………………157

8.2.1　课堂案例——制作房地产广告 ……157

8.2.2　创建图层并指定图层选项 …………160

8.2.3　在图层上添加对象 …………………161

8.2.4　编辑图层上的对象 …………………161

8.2.5　更改图层的顺序 …………………162

8.2.6　显示或隐藏图层 …………………162

8.2.7　锁定或解锁图层 …………………163

8.2.8　删除图层 …………………………163

课堂练习——制作购物节海报 …………164

课后习题——制作旅游广告 ……………164

第9章　页面编排 ………………………… **165**

9.1　版面布局 ……………………………166

9.1.1　课堂案例——制作杂志封面 ………166

9.1.2 设置基本布局 171

9.1.3 版面精确布局 172

9.2 使用主页 174

9.2.1 课堂案例——制作杂志内页 174

9.2.2 创建主页 180

9.2.3 基于其他主页的主页 181

9.2.4 复制主页 181

9.2.5 应用主页 182

9.2.6 取消指定的主页 183

9.2.7 删除主页 183

9.2.8 添加页码和章节编号 183

9.3 页面和跨页 185

9.3.1 课堂案例——制作杂志内页2 185

9.3.2 确定并选取目标页面和跨页 188

9.3.3 以两页跨页作为文档的开始 188

9.3.4 添加新页面 189

9.3.5 移动页面 189

9.3.6 复制页面或跨页 190

9.3.7 删除页面或跨页 190

课堂练习——制作新娘杂志封面 191

课后习题——制作新娘杂志内页 191

第10章 编辑书籍和目录 192

10.1 创建目录 193

10.1.1 课堂案例——制作杂志目录 193

10.1.2 生成目录 198

10.1.3 创建具有定位符前导符的段落
样式和目录条目 199

10.2 创建书籍 200

10.2.1 课堂案例——制作杂志书籍 200

10.2.2 在书籍中添加文档 201

10.2.3 管理书籍文件 201

课堂练习——制作新娘杂志目录 202

课后习题——制作新娘杂志书籍 202

第11章 商业案例实训 203

11.1 宣传单设计——制作招聘宣传单 204

11.1.1 项目背景及要求 204

11.1.2 项目创意及制作 204

11.1.3 案例制作及步骤 204

课堂练习1——制作手机宣传单 209

练习1.1 项目背景及要求 209

练习1.2 项目创意及制作 209

课堂练习2——制作房地产宣传单 210

练习2.1 项目背景及要求 210

练习2.2 项目创意及制作 210

课后习题1——制作大闸蟹宣传单 211

习题1.1 项目背景及要求 211

习题1.2 项目创意及制作 211

课后习题2——制作商场购物宣传单 212

习题2.1 项目背景及要求 212

习题2.2 项目创意及制作 212

11.2 广告设计——制作电商广告 213

11.2.1 项目背景及要求 213

11.2.2 项目创意及制作 213

11.2.3 案例制作及步骤 213

课堂练习1——制作环保公益广告 219

练习1.1 项目背景及要求 219

练习1.2 项目创意及制作 219

课堂练习2——制作健身广告 220

练习2.1 项目背景及要求 220

练习2.2 项目创意及制作 220

课后习题1——制作茶艺广告 221

习题1.1 项目背景及要求 221

习题1.2　项目创意及制作 221

课后习题2——制作化妆品广告 **222**

习题2.1　项目背景及要求 222

习题2.2　项目创意及制作 222

11.3　杂志设计——制作美食杂志封面........**223**

11.3.1　项目背景及要求 223

11.3.2　项目创意及制作 223

11.3.3　案例制作及步骤 223

课堂练习1——制作时尚杂志封面............**230**

练习1.1　项目背景及要求 230

练习1.2　项目创意及制作 230

课堂练习2——制作家居杂志封面............**231**

练习2.1　项目背景及要求 231

练习2.2　项目创意及制作 231

课后习题1——制作宠物杂志封面 **232**

习题1.1　项目背景及要求 232

习题1.2　项目创意及制作 232

课后习题2——制作旅游杂志封面 **233**

习题2.1　项目背景及要求 233

习题2.2　项目创意及制作 233

11.4　包装设计——制作鸡蛋包装............**234**

11.4.1　项目背景及要求 234

11.4.2　项目创意及制作 234

11.4.3　案例制作及步骤 234

课堂练习1——制作戏剧唱片包装 **242**

练习1.1　项目背景及要求 242

练习1.2　项目创意及制作 242

课堂练习2——制作巧克力包装 **243**

练习2.1　项目背景及要求 243

练习2.2　项目创意及制作 243

课后习题1——制作养生书籍包装 **244**

习题1.1　项目背景及要求 244

习题1.2　项目创意及制作 244

课后习题2——制作比萨包装....................**245**

习题2.1　项目背景及要求 245

习题2.2　项目创意及制作 245

第 *1* 章

InDesign CS6入门知识

本章介绍

　　本章介绍InDesign CS6中文版的入门知识，对操作界面、工具、面板、文件、视图和窗口的基本操作等进行详细的讲解。通过学习本章的内容，读者可以了解并掌握InDesign CS6的基本功能，为进一步学习InDesign CS6打下坚实的基础。

学习目标

◆ 了解InDesign CS6中文版的操作界面。

◆ 掌握文件的基本操作。

◆ 掌握视图与窗口的基本操作。

技能目标

◆ 掌握文件的新建、打开、保存和关闭方法。

◆ 掌握视图的显示方法。

◆ 掌握窗口的排列方式。

1.1 InDesign CS6中文版的操作界面

本节介绍InDesign CS6中文版的操作界面，对菜单栏、控制面板、工具箱、面板及状态栏进行详细的讲解。

1.1.1 介绍操作界面

InDesign CS6的工作界面主要由菜单栏、控制面板、标题栏、工具箱、面板、页面区域、滚动条、泊槽和状态栏等部分组成，如图1-1所示。

图1-1

菜单栏： 包括InDesign CS6中所有的操作命令，共有9个主菜单。每一个主菜单又包括多个子菜单，应用这些命令可以完成基本操作。

控制面板： 选取或调用与当前页面中所选项目或对象有关的选项和命令。

标题栏： 左侧是当前文档的名称和显示比例，右侧是控制窗口的按钮。

工具箱： 包括InDesign CS6中所有的工具。大部分工具还有其展开式工具面板，里面包含与该工具功能相类似的工具，可以更方便、快捷地进行绘图与编辑。

面板： 可以快速调出许多设置数值和调节功能的面板，它是InDesign CS6中非常重要的组件。面板是可以折叠的，可根据需要分离或组合，具有很大的灵活性。

页面区域： 指在工作界面中间以黑色实线表示的矩形区域，这个区域的大小就是用户设置的页面大小。页面区域还包括页面外的出血线、页面内的页边线和栏辅助线。

滚动条： 当屏幕内不能完全显示出整个文档的时候，通过拖曳滚动条来实现对整个文档的浏览。

泊槽： 用来组织和存放面板。

状态栏： 显示当前文档的所属页面和文档所处的状态等信息。

1.1.2 使用菜单

熟练使用菜单栏能够快速、有效地完成绘制和编辑任务，提高排版效率。下面对菜单栏进行详细介绍。

InDesign CS6的菜单栏包含"文件""编辑""版面""文字""对象""表""视图""窗口""帮助"共9个菜单，如图1-2所示。每个菜单里又包含相应的子菜单。单击每一类的菜单都将弹出其下拉菜单，如单击"版面"菜单，将弹出如图1-3所示的下拉菜单。

文件(F)　编辑(E)　版面(L)　文字(T)　对象(O)　表(A)　视图(V)　窗口(W)　帮助(H)

图1-2

版面网格(D)...	
页面(E)	▶
边距和分栏(M)...	
标尺参考线(R)...	
创建参考线(C)...	
创建替代版面(Y)...	
自适应版面(L)	
第一页(F)	Shift+Ctrl+Page Up
上一页(P)	Shift+Page Up
下一页(N)	Shift+Page Down
最后一页(A)	Shift+Ctrl+Page Down
下一跨页(X)	Alt+Page Down
上一跨页(V)	Alt+Page Up
转到页面(G)...	Ctrl+J
向后(B)	Ctrl+Page Up
向前(W)	Ctrl+Page Down
页码和章节选项(O)...	
目录(T)...	
更新目录(U)	
目录样式(S)...	

图1-3

下拉菜单的左侧是命令的名称，在经常使用的命令右侧是该命令的快捷键，要执行该命令，可直接按快捷键，提高操作速度。例如，"版面 > 转到页面"命令的快捷键为<Ctrl>+<J>组合键。

有些命令的右侧有一个黑色的三角形▶，表示该命令还有相应的下拉子菜单。用鼠标单击黑色三角形▶，即可弹出其下拉菜单。有些命令的后面有省略号"..."，用鼠标单击该命令即可弹出其对话框，在对话框中可以进行更详尽的设置。有些命令呈灰色，表示该命令在当前状态下为不可用，选中相应的对象或进行合适的设置后，该命令才会变为黑色可用状态。

1.1.3　使用控制面板

当用户选择不同对象时，InDesign CS6的控制面板将显示不同的选项，如图1-4、图1-5和图1-6所示。

图1-4

图1-5

图1-6

使用工具绘制对象时，可以在控制面板中设置所绘制对象的属性，对图形、文本和段落的属性进行设定和调整。

> **提示**
> 当控制面板的选项改变时，可以通过工具提示来了解每一个选项的更多信息。在将光标移到一个图符或选项上停留片刻时，工具提示会自动出现。

1.1.4　使用工具箱

InDesign CS6工具箱中的工具具有强大的功能，可以用这些工具来编辑文字、形状、线条和渐变等页面元素。

工具箱不能像其他面板一样进行堆叠、连接操作，但是可以通过单击工具箱上方的▶▶图标实现单栏或双栏显示；或拖曳工具箱的标题栏到页面中，将其变为活动面板。单击工具箱上方的▼按钮在垂直、水平和双栏3种外观间切换，如图1-7、图1-8和图1-9所示。工具箱中部分工具的右下角带有一个黑色三角形，表示该工具还有展开工具组。用鼠标按住该工具不放，即可弹出展开工具组。

图1-8

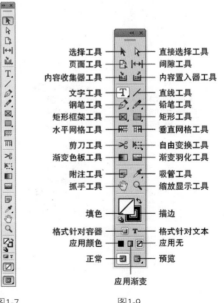

选择工具 →	← 直接选择工具
页面工具 →	← 间隙工具
内容收集器工具 →	← 内容置入器工具
文字工具 →	← 直线工具
钢笔工具 →	← 铅笔工具
矩形框架工具 →	← 矩形工具
水平网格工具 →	← 垂直网格工具
剪刀工具 →	← 自由变换工具
渐变色板工具 →	← 渐变羽化工具
附注工具 →	← 吸管工具
抓手工具 →	← 缩放显示工具
填色 →	← 描边
格式针对容器 →	← 格式针对文本
应用颜色 →	← 应用无
正常 →	← 预览

应用渐变

图1-7　　　　　　　　图1-9

下面分别介绍各个展开工具组。

文字工具组： 包括4个工具，即文字工具、直排文字工具、路径文字工具和垂直路径文字工具，如图1-10所示。

钢笔工具组： 包括4个工具，即钢笔工具、添加锚点工具、删除锚点工具和转换方向点工具，如图1-11所示。

铅笔工具组： 包括3个工具，即铅笔工具、平滑工具和抹除工具，如图1-12所示。

矩形框架工具组： 包括3个工具，即矩形框架工具、椭圆框架工具和多边形框架工具，如图1-13所示。

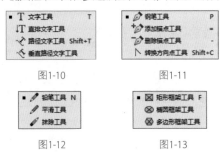

图1-10　　　　　　　　图1-11

图1-12　　　　　　　　图1-13

矩形工具组： 包括3个工具，即矩形工具、椭圆工具和多边形工具，如图1-14所示。

自由变换工具组： 包括4个工具，即自由变换工具、旋转工具、缩放工具和切变工具，如图1-15所示。

吸管工具组： 包括2个工具，即吸管工具和度量工具，如图1-16所示。

预览工具组： 包括4个工具，即预览、出血、辅助信息区和演示文稿，如图1-17所示。

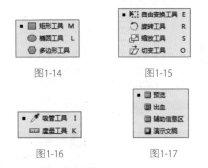

图1-14　　　　　　　　图1-15

图1-16　　　　　　　　图1-17

1.1.5　使用面板

在InDesign CS6的"窗口"菜单中，提供了

多种面板，主要有附注、渐变、交互、链接、描边、任务、色板、输出、属性、图层、文本绕排、文字和表、效果、信息、颜色和页面等面板。

1．显示某个面板或其所在的组

在"窗口"菜单中选择面板的名称，可调出某个面板或其所在的组。要隐藏面板，可在窗口菜单中再次单击面板的名称。如果这个面板已经在页面上显示，那么"窗口"菜单中的这个面板命令前会显示"√"。

> 🔍 **提示**
>
> 按<Shift>+<Tab>组合键，显示或隐藏除控制面板和工具面板外的所有面板；按<Tab>键，隐藏所有面板和工具面板。

2．排列面板

在面板组中，单击面板的名称标签，它就会被选中并显示为可操作的状态，如图1-18所示。把其中一个面板拖曳到组的外面，如图1-19所示，可建立一个独立的面板，如图1-20所示。

图1-18　　　　　　　　图1-19

图1-20

按住<Alt>键，拖动其中一个面板的标签，可以移动整个面板组。

3．面板菜单

单击面板右上方的■按钮，会弹出当前面板的面板菜单，可以从中选择各个选项，如图1-21所示。

图1-21

4．改变面板高度和宽度

如果需要改变面板的高度和宽度，可以通过拖曳面板右下角的尺寸框■来实现。单击面板中的"折叠为图标"按钮 ◀◀，第一次单击折叠为图标，第二次单击可以使面板恢复默认大小。

以"色板"面板为例，原面板效果如图1-22所示。在面板右下角的尺寸框■单击并按住鼠标左键不放，将其拖曳到适当的位置，如图1-23所示，松开鼠标左键后的效果如图1-24所示。

图1-22

图1-23

图1-24

5．将面板收缩到泊槽

在泊槽中的面板标签上单击并按住鼠标左键不放，将其拖曳到页面中，如图1-25所示。松开鼠标左键，可以将缩进的面板转换为浮动面板，如图1-26所示。在页面中的浮动面板标签上单击并按住鼠标左键不放，将其拖曳到泊槽中，如图1-27所示。松开鼠标左键，可以将浮动面板转换为缩进面板，如图1-28所示。拖曳缩进到泊槽中的面板标签，将其放到其他的缩进面板中，可以组合出新的缩进面板组。使用相同的方法可以将多个缩进面板合并为一组。

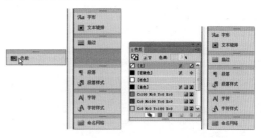

图1-25　　　图1-26

图1-27　　　图1-28

单击面板的标签（如页面标签■ 页面），可以显示或隐藏面板。单击泊槽上方的 ◀◀ 按钮，可以使面板变成"展开面板"或将其"折叠为图标"。

1.1.6　状态栏

状态栏在工作界面的最下面，包括2个部分，如图1-29所示。左侧显示当前文档的所属页面；弹出式菜单可显示当前的页码；右侧是滚动条，当绘制的图像过大不能完全显示时，可以拖曳滚动条浏览整个图像。

图1-29

1.2 文件的基本操作

　　掌握一些基本的文件操作，是设计和制作作品前必备的技能。下面具体介绍InDesign CS6中文件的一些基本操作。

1.2.1 新建文件

　　新建文档是设计制作的第一步，可以根据自己的设计需要新建文档。

　　选择"文件 > 新建 > 文档"命令，或按<Ctrl>+<N>组合键，弹出"新建文档"对话框，如图1-30所示。

图1-30

　　"用途"选项：可以根据需要设置文档输出后适用的格式。

　　"页数"选项：可以根据需要输入文档的总页数。

　　"对页"复选框：勾选此项，可以在多页文档中建立左右页以对页形式显示的版面格式，就是通常所说的对开页。不勾选此项，新建文档的页面格式都以单面单页形式显示。

　　"起始页码"选项：可以设置文档的起始页码。

　　"主文本框架"复选框：可以为多页文档创建常规的主页面。勾选此项后，InDesign CS6会自动在所有页面上加上一个文本框。

　　"页面大小"选项：可以从选项的下拉列表中选择标准的页面设置，其中有A3、A4和信纸等一系列固定的标准尺寸。也可以在"宽度"和"高度"选项的数值框中输入宽和高的值。页面大小代表页面外出血和其他标记被裁掉以后的成品尺寸。

　　"页面方向"选项：单击"纵向"按钮📄或"横向"按钮📄，页面方向会发生纵向或横向的变化。

　　"装订"选项：有两种装订方式可供选择，即向左翻或向右翻。单击"从左到右"按钮📄，将按照左边装订的方式装订；单击"从右到左"按钮📄，将按照右边装订的方式装订。一般文本横排的版面选择左边装订，文本竖排的版面选择右边装订。

　　单击"更多选项"按钮，会弹出"出血和辅助信息区"设置区，如图1-31所示，可以设定出血及辅助信息区的尺寸。

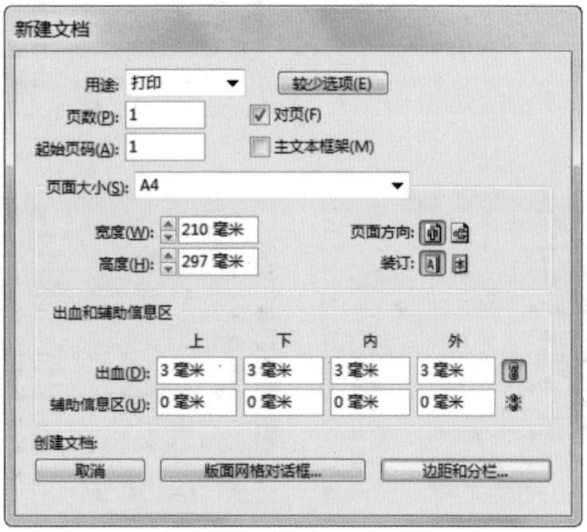

图1-31

　　单击"边距和分栏"按钮，弹出"新建边距和分栏"对话框。在对话框中，可以在"边距"设置区中设置页面边空的尺寸，分别设置"上""下""内""外"的值，如图1-32所示。在"栏"设置区中可以设置栏数、栏间距和排版方向。设置需要的数值后，单击"确定"按钮，新建一个页面。在新建的页面中，页边距所表示的"上""下""内""外"如图1-33所示。

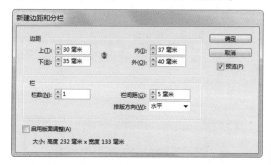

图1-32

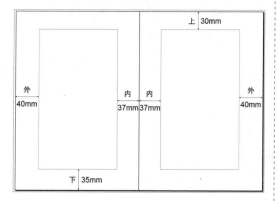

图1-33

1.2.2　打开文件

　　选择"文件 > 打开"命令，或按<Ctrl>+<O>组合键，弹出"打开文件"对话框，如图1-34所示。

图1-34

　　在"查找范围"选项的下拉列表中选择要打开文件所在的位置并单击文件名。在"文件类型"选项的下拉列表中选择文件的类型。在"打开方式"选项组中，点选"正常"单选项，将正常打开文件；点选"原稿"单选项，将打开文件的原稿；点选"副本"单选项，将打开文件的副本。设置完成后，单击"打开"按钮，窗口就会显示打开的文件。也可以直接双击文件名来打开文件，如图1-35所示。

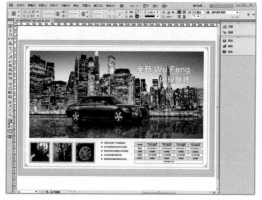

图1-35

1.2.3　保存文件

　　如果是新创建或无须保留原文件的出版物，可以使用"存储"命令直接进行保存。如果想要将打开的进行过修改或编辑的文件，不替代原文件进行保存，则需要使用"存储为"命令。

1. 保存新创建文件

选择"文件 > 存储"命令，或按<Ctrl>+<S>组合键，弹出"存储为"对话框，在"保存在"选项的下拉列表中选择文件要保存的位置，在"文件名"选项的文本框中输入将要保存文件的文件名，在"保存类型"选项的下拉列表中选择文件保存的类型，如图1-36所示，单击"保存"按钮，将文件保存。

图1-36

🔍 提示

第1次保存文件时，InDesign CS6会提供一个默认的文件名"未命名-1"。

2. 另存已有文件

选择"文件 > 存储为"命令，弹出"存储为"对话框，选择文件的保存位置并输入新的文件名，再选择保存类型，如图1-37所示，单击

"保存"按钮，保存的文件不会替代原文件，而是以一个新的文件名另外进行保存。此命令可称为"换名存储"。

图1-37

1.2.4　关闭文件

选择"文件 > 关闭"命令，或按<Ctrl>+<W>组合键，文件将会被关闭。如果文档没有保存，将会弹出一个提示对话框，如图1-38所示。

图1-38

单击"是"按钮，将在关闭之前对文档进行保存；单击"否"按钮，在文档关闭时将不对文档进行保存；单击"取消"按钮，文档不会被关闭，也不会进行保存操作。

1.3　视图与窗口的基本操作

在使用InDesign CS6进行图形绘制的过程中，用户可以随时改变视图与页面窗口的显示方式，以便于用户更加细致地观察所绘图形的整体或局部。

1.3.1　视图的显示

"视图"菜单可以选择预定视图以显示页面或粘贴板。选择某个预定视图后，页面将保持此

视图效果，直到再次改变预定视图。

1. 显示整页

选择"视图 > 使页面适合窗口"命令，可以

使页面适合窗口显示，如图1-39所示。选择"视图 > 使跨页适合窗口"命令，可以使对开页适合窗口显示，如图1-40所示。

图1-39

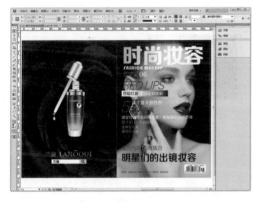

图1-40

2. 显示实际大小

选择"视图 > 实际尺寸"命令，可以在窗口中显示页面的实际大小，也就是使页面100%显示，如图1-41所示。

图1-41

3. 显示完整粘贴板

选择"视图 > 完整粘贴板"命令，可以查找或浏览粘贴板上的全部对象，此时屏幕中显示的是缩小的页面和整个粘贴板，如图1-42所示。

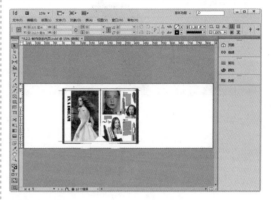

图1-42

4. 放大或缩小页面视图

选择"视图 > 放大（或缩小）"命令，可以将当前页面视图放大或缩小，也可以选择"缩放显示"工具。

当页面中的缩放工具图标变为图标时，单击可以放大页面视图；按住<Alt>键时，页面中的缩放工具图标变为图标，单击可以缩小页面视图。

选择"缩放显示"工具，按住鼠标左键沿着想放大的区域拖曳出一个虚线框，如图1-43所示，虚线框范围内的内容会被放大显示，效果如图1-44所示。

图1-43

图1-44

按<Ctrl>+<+>组合键,可以将页面视图按比例进行放大;按<Ctrl>+<->组合键,可以将页面视图按比例进行缩小。

在页面中单击鼠标右键,弹出如图1-45所示的快捷菜单,在快捷菜单中可以选择命令对页面视图进行编辑。

图1-45

选择"抓手"工具，在页面中按住鼠标左键拖曳可以对窗口中的页面进行移动。

1.3.2 窗口的排列

排版文件的窗口显示主要有层叠和平铺2种。

选择"窗口 > 排列 > 层叠"命令,可以将打开的几个排版文件层叠在一起,只显示位于窗口最上面的文件,如图1-46所示。如果想选择需要操作的文件,单击文件名就可以了。

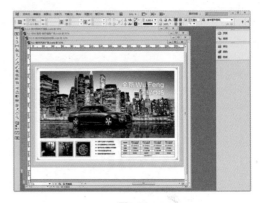

图1-46

选择"窗口 > 排列 > 平铺"命令,可以将打开的几个排版文件分别水平平铺显示在窗口中,效果如图1-47所示。

图1-47

选择"窗口 > 排列 > 新建窗口"命令,可以将打开的文件复制一份。

1.3.3 预览文档

通过工具箱中的预览工具来预览文档,如图1-48所示。

正常:单击工具箱底部的正常显示模式按钮，文档将以正常显示模式显示。

预览:单击工具箱底部的预览显示模式按钮，文档将以预览显示模式显示,可以显示文档的实际效果。

出血:单击工具箱底部的出血模式按钮，文档将以出血显示模式显示,可以显示文档及其出血部分的效果。

辅助信息区：单击工具箱底部的辅助信息区按钮，可以显示文档制作为成品后的效果。

演示文稿：单击工具箱底部的演示文稿按钮，InDesign文档以演示文稿的形式显示。在演示文稿模式下，应用程序菜单、面板、参考线及框架边缘都是隐藏的。

选择"视图 > 屏幕模式 > 预览"命令，如图1-49所示，也可显示预览效果，如图1-50所示。

图1-48　　　　　　　图1-49

图1-50

1.3.4　显示设置

图像的显示方式主要有快速显示、典型显示和高品质显示3种，如图1-51所示。

快速显示　　典型显示　　高品质显示

图1-51

快速显示是将栅格图或矢量图显示为灰色块。

典型显示是显示低分辨率的代理图像，用于点阵图或矢量图的识别和定位。典型显示是默认选项，是显示可识别图像的最快方式。

高品质显示是将栅格图或矢量图以高分辨率显示。这一选项提供最高的质量，但速度最慢。当需要做局部微调时，可以选择这一选项。

> **注意**
> 图像显示选项不会影响InDesign文档本身在输出或打印时的图像质量。在打印到PostScript设备或者导出为EPS或PDF文件时，最终的图像分辨率取决于打印或导出时的输出选项。

1.3.5　显示或隐藏框架边缘

InDesign CS6在默认状态下，即使没有选定图形，也会显示框架边缘，这样在绘制过程中页面会显得拥挤，不易编辑。我们可以使用"隐藏框架边缘"命令隐藏框架边缘来简化屏幕显示。

在页面中绘制一个图形，如图1-52所示。选择"视图 > 其他 > 隐藏框架边缘"命令，隐藏页面中图形的框架边缘，效果如图1-53所示。

图1-52　　　　　　　图1-53

第 2 章

绘制和编辑图形对象

本章介绍

本章介绍InDesign CS6中绘制和编辑图形对象的功能。通过学习本
章的内容，读者可以熟练掌握绘制、编辑、对齐、分布及组合图形对象
的方法和技巧，绘制出漂亮的图形效果。

学习目标

◆ 掌握图形的绘制方法。

◆ 掌握对象的编辑技巧。

◆ 掌握组织图形对象的方法。

技能目标

◆ 掌握"卡通头像"的绘制方法。

◆ 掌握"卡通机器人"的绘制方法。

◆ 掌握"运动海报"的制作方法。

2.1 绘制图形

使用InDesign CS6的基本绘图工具可以绘制简单的图形。通过本节的讲解和练习，读者可以初步掌握基本绘图工具的特性，为今后绘制更复杂的图形打下坚实的基础。

2.1.1 课堂案例——绘制卡通头像

【案例学习目标】学习使用绘制图形工具绘制卡通头像。

【案例知识要点】使用椭圆工具、描边命令和多边形工具绘制脸庞；使用椭圆工具、路径查找器命令和矩形工具绘制五官，效果如图2-1所示。

【效果所在位置】Ch02/效果/绘制卡通头像.indd。

图2-1

（1）选择"文件 > 新建 > 文档"命令，弹出"新建文档"对话框，设置如图2-2所示。单击"边距和分栏"按钮，弹出"新建边距和分栏"对话框，设置如图2-3所示。单击"确定"按钮，新建一个页面。选择"视图 > 其他 > 隐藏框架边缘"命令，将所绘制图形的框架边缘隐藏。

图2-2

图2-3

（2）选择"椭圆"工具，在页面中绘制椭圆形，如图2-4所示。填充图形为白色，并设置描边色的CMYK值为0、100、100、30，填充描边，效果如图2-5所示。

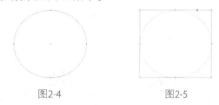

图2-4　　　　　　图2-5

（3）选择"窗口 > 描边"命令，弹出"描边"面板，选项的设置如图2-6所示，描边效果如图2-7所示。

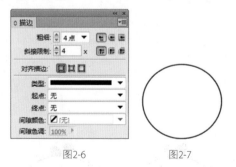

图2-6　　　　　　图2-7

（4）选择"椭圆"工具，在适当的位置绘制椭圆形，如图2-8所示。设置图形填充色的CMYK值为0、100、100、0，填充图形；设置描边色的CMYK值为0、100、100、30，填充描边，效果如图2-9所示。在"控制"面板中将"描边粗细" 选项设为3点，按<Enter>键，效果如图2-10所示。

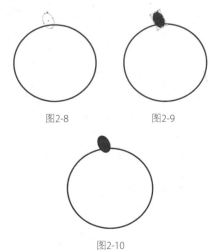

图2-8　　　　　　图2-9

图2-10

（5）选择"选择"工具，选取图形，按住<Alt>键的同时，向右拖曳图形到适当的位置，复制图形，效果如图2-11所示。单击"控制"面板中的"水平翻转"按钮，水平翻转图形，效果如图2-12所示。

图2-11　　　　　　图2-12

（6）保持图形的选取状态，按住<Shift>键的同时，向内拖曳控制手柄调整图形的大小，效果如图2-13所示。按住<Shift>键的同时，选取原图形，按<Ctrl>+<[>组合键，将图形后移一层，效果如图2-14所示。

图2-13　　　　　　图2-14

（7）选择"椭圆"工具，在适当的位置绘制椭圆形，如图2-15所示。设置图形填充色的CMYK值为0、13、35、0，填充图形；设置描边色的CMYK值为0、100、100、30。在"控制"面板中将"描边粗细" 选项设为4点，按<Enter>键，效果如图2-16所示。

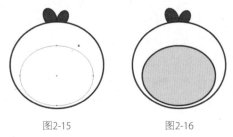

图2-15　　　　　　图2-16

（8）双击"多边形"工具，弹出"多边形设置"对话框，选项的设置如图2-17所示，单击"确定"按钮。按住<Shift>键的同时，在适当的位置绘制五角星，如图2-18所示。

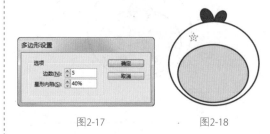

图2-17　　　　　　图2-18

（9）保持图形选取状态，设置图形填充色的CMYK值为0、100、100、0，填充图形，并设置描边色为无，效果如图2-19所示。选择"选择"工具，选取图形，按住<Alt>键的同时，向右拖曳图形到适当的位置，复制图形，并调整其大小，效果如图2-20所示。

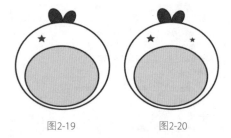

图2-19　　　　　　图2-20

（10）双击"多边形"工具，弹出"多边形设置"对话框，选项的设置如图2-21所示，单击"确定"按钮。按住<Shift>键的同时，在适当的位置绘制六边形，如图2-22所示。

图2-21   图2-22

（11）保持图形选取状态，设置图形填充色的CMYK值为0、0、100、0，填充图形；设置描边色的CMYK值为0、100、100、30，填充描边，效果如图2-23所示。在"控制"面板中将"描边粗细" 0.283点 选项设为3点，按<Enter>键，效果如图2-24所示。

图2-23   图2-24

（12）选择"椭圆"工具 ，在适当的位置绘制椭圆形，如图2-25所示。选择"矩形"工具 ，在适当的位置绘制矩形，如图2-26所示。

图2-25   图2-26

（13）选择"选择"工具 ，按住<Shift>键的同时，将所绘制的图形同时选取，如图2-27所示。选择"对象 > 路径查找器 > 减去"命令，生成新的对象，效果如图2-28所示。设置图形填充色的CMYK值为0、100、100、30，填充图形，并设置描边色为无，效果如图2-29所示。

图2-27   图2-28

图2-29

（14）选择"矩形"工具 ，在适当的位置绘制矩形，填充图形为白色，并设置描边色为无，效果如图2-30所示。选择"选择"工具 ，按住<Alt>+<Shift>组合键的同时，水平向右拖曳图形到适当的位置，复制图形，效果如图2-31所示。

图2-30   图2-31

（15）选择"椭圆"工具 ，按住<Shift>键的同时，在适当的位置绘制圆形，设置图形填充色的CMYK值为0、100、100、30，填充图形，并设置描边色为无，效果如图2-32所示。选择"选择"工具 ，按住<Alt>+<Shift>组合键的同时，水平向右拖曳图形到适当的位置，复制图形，效果如图2-33所示。

图2-32   图2-33

（16）选择"椭圆"工具 ，在适当的位置绘制椭圆形，设置图形填充色的CMYK值为0、60、35、0，填充图形，并设置描边色为无，效果如图2-34所示。选择"选择"工具 ，按住<Alt>+<Shift>组合键的同时，水平向右拖曳图形到适当的位置，复制图形，效果如图2-35所示。

图2-34　　　　　　图2-35

2.1.2　矩形和正方形

1.　使用鼠标直接拖曳绘制矩形

选择"矩形"工具 ，鼠标指针会变成⌐形状，按住鼠标左键，将其拖曳到合适的位置，如图2-36所示。松开鼠标左键，绘制出一个矩形，如图2-37所示。鼠标指针的起点与终点处决定着矩形的大小。按住<Shift>键的同时，再进行绘制，可以绘制出一个正方形，如图2-38所示。

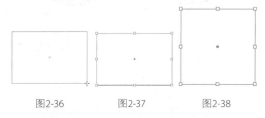

图2-36　　　　图2-37　　　　图2-38

按住<Shift>+<Alt>组合键的同时，在绘图页面中拖曳鼠标指针，以当前点为中心绘制正方形。

2.　使用对话框精确绘制矩形

选择"矩形"工具 ，在页面中单击，弹出"矩形"对话框，在对话框中可以设定所要绘制矩形的宽度和高度。

设置需要的数值，如图2-39所示，单击"确定"按钮，在页面单击处会出现需要的矩形，如图2-40所示。

图2-39　　　　　　　图2-40

3.　使用角选项制作矩形角的变形

选择"选择"工具 ，选取绘制好的矩形，选择"对象 > 角选项"命令，弹出"角选项"对话框。在"转角大小"文本框中输入值以指定角效果到每个角点的扩展半径，在"形状"选项中分别选取需要的角形状，单击"确定"按钮，效果如图2-41所示。

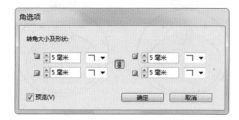

"角选项"对话框

花式　　　　　斜角　　　　　内陷

反向圆角　　　　　圆角

图2-41

4.　直接拖曳制作矩形角的变形

选择"选择"工具 ，选取绘制好的矩形，如图2-42所示。在矩形的黄色点上单击，如图2-43所示，上、下、左、右4个点处于可编辑状态，如图2-44所示。向内拖曳其中任意的一个点，如图2-45所示，可对矩形角进行变形，松开鼠标，效果如图2-46所示。按住<Alt>键的同时，单击任意一个黄色点，可在5种角中交替变形，如图2-47所示。按住<Alt>+<Shift>组合键的同时，单击其中的一个黄色点，可使选取的点在5种角中交替变形，如图2-48所示。

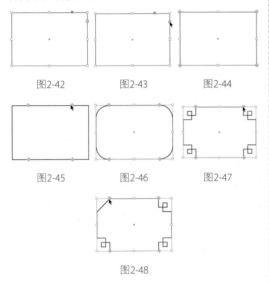

图2-42　　　　图2-43　　　　图2-44

图2-45　　　　图2-46　　　　图2-47

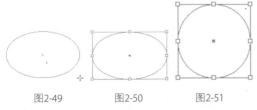

图2-48

2.1.3　椭圆形和圆形

1.　使用鼠标直接拖曳绘制椭圆形

选择"椭圆"工具◉，鼠标指针会变成-¦-形状，按住鼠标左键，将其拖曳到合适的位置，如图2-49所示。松开鼠标左键，绘制出一个椭圆形，如图2-50所示。鼠标指针的起点与终点处决定着椭圆形的大小和形状。按住<Shift>键的同时，再进行绘制，可以绘制出一个圆形，如图2-51所示。

图2-49　　　　图2-50　　　　图2-51

按住<Alt>+<Shift>组合键的同时拖曳鼠标，将在绘图页面中以当前点为中心绘制圆形。

2.　使用对话框精确绘制椭圆形

选择"椭圆"工具◉，在页面中单击，弹出"椭圆"对话框，在对话框中可以设定所要绘制椭圆的宽度和高度。

设置需要的数值，如图2-52所示。单击"确定"按钮，在页面单击处会出现需要的椭圆形，如图2-53所示。

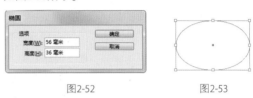

图2-52　　　　　　　　　图2-53

椭圆形和圆形可以应用角效果，但是不会有任何变化，因为其没有拐点。

2.1.4　多边形

1.　使用鼠标直接拖曳绘制多边形

选择"多边形"工具◉，鼠标指针会变成-¦-形状，按住鼠标左键，将其拖曳到适当的位置，如图2-54所示。松开鼠标左键，绘制出一个多边形，如图2-55所示。鼠标指针的起点与终点处决定着多边形的大小和形状。软件默认的边数值为6。按住<Shift>键的同时，再进行绘制，可以绘制出一个正多边形，如图2-56所示。

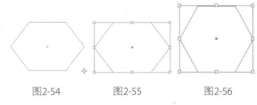

图2-54　　　　图2-55　　　　图2-56

按住<Alt>+<Shift>组合键的同时拖曳鼠标，将在绘图页面中以当前点为中心绘制正多边形。

2.　使用对话框精确绘制多边形

双击"多边形"工具◉，弹出"多边形设置"对话框，在"边数"选项中，可以通过改变数值框中的数值或单击微调按钮来设置多边形的边数。设置需要的数值，如图2-57所示，单击

"确定"按钮，在页面中拖曳鼠标，绘制出需要的多边形，如图2-58所示。

图2-57　　　　　　　　　图2-58

选择"多边形"工具，在页面中单击，弹出"多边形"对话框，在对话框中可以设置所要绘制的多边形的宽度、高度和边数。设置需要的数值，如图2-59所示，单击"确定"按钮，在页面单击处会出现需要的多边形，如图2-60所示。

 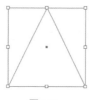

图2-59　　　　　　　　　图2-60

3. 使用角选项制作多边形角的变形

选择"选择"工具，选取绘制好的多边形，选择"对象 > 角选项"命令，弹出"角选项"对话框，在"形状"选项中分别选取需要的角效果，单击"确定"按钮，效果如图2-61所示。

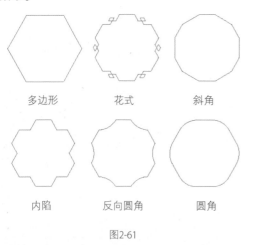

多边形　　　花式　　　斜角

内陷　　　反向圆角　　　圆角

图2-61

2.1.5　星形

1. 使用多边形工具绘制星形

双击"多边形"工具，弹出"多边形设置"对话框，在"边数"选项中，可以通过改变数值框中的数值或单击微调按钮来设置多边形的边数。在"星形内陷"选项中，可以通过改变数值框中的数值或单击微调按钮来设置多边形尖角的锐化程度。

设置需要的数值，如图2-62所示，单击"确定"按钮，在页面中拖曳鼠标指针，绘制出需要的五角形，如图2-63所示。

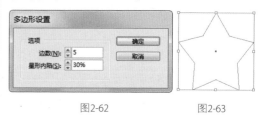

图2-62　　　　　　　　　图2-63

2. 使用对话框精确绘制星形

选择"多边形"工具，在页面中单击，弹出"多边形"对话框，在对话框中可以设置所要绘制星形的宽度和高度、边数和星形内陷。

设置需要的数值，如图2-64所示，单击"确定"按钮，在页面单击处会出现需要的八角形，如图2-65所示。

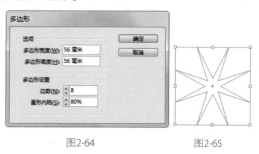

图2-64　　　　　　　　　图2-65

3. 使用角选项制作星形角的变形

选择"选择"工具，选取绘制好的星形，选择"对象 > 角选项"命令，弹出"角选项"对话框，在"效果"选项中分别选取需要的角效果，单击"确定"按钮，效果如图2-66所示。

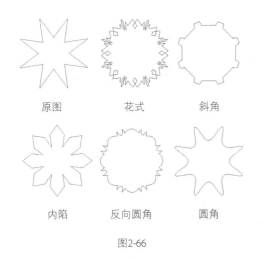

原图　　　花式　　　斜角

内陷　　　反向圆角　　　圆角

图2-66

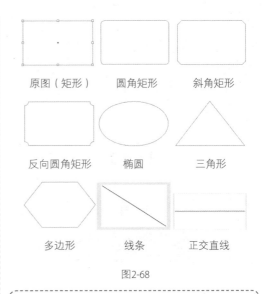

原图（矩形）　　　圆角矩形　　　斜角矩形

反向圆角矩形　　　椭圆　　　三角形

多边形　　　线条　　　正交直线

图2-68

2.1.6　形状之间的转换

1. 使用菜单栏进行形状之间的转换

选择"选择"工具，选取需要转换的图形，选择"对象 > 转换形状"命令，弹出的子菜单中包括矩形、圆角矩形、斜角矩形、反向圆角矩形、椭圆、三角形、多边形、线条和正交直线命令，如图2-67所示。

图2-67

选择"选择"工具，选取需要转换的图形，选择"对象 > 转换形状"命令，分别选择其子菜单中的命令，效果如图2-68所示。

提示

若原图为线条，则不能和其他形状转换。

2. 使用面板在形状之间转换

选择"选择"工具，选取需要转换的图形，选择"窗口 > 对象和版面 > 路径查找器"命令，弹出"路径查找器"面板，如图2-69所示。单击"转换形状"选项组中的按钮，可在形状之间互相转换。

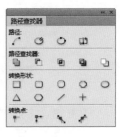

图2-69

2.2　编辑对象

在InDesign CS6中，可以使用强大的图形对象编辑功能对图形对象进行编辑，其中包括对象的多种选取方法和对象的缩放、移动、镜像、复制等。

2.2.1　课堂案例——绘制卡通机器人

【案例学习目标】学习使用绘图工具和编辑对象命令绘制卡通机器人。

【案例知识要点】使用图形的绘制工具绘制

卡通机器人的头部及身体部分；使用矩形工具、角选项命令和选择工具制作机器人的手部，效果如图2-70所示。

【效果所在位置】Ch02/效果/绘制卡通机器人.indd。

图2-70

1. 绘制背景

（1）选择"文件 > 新建 > 文档"命令，弹出"新建文档"对话框，设置如图2-71所示。单击"边距和分栏"按钮，弹出"新建边距和分栏"对话框，设置如图2-72所示。单击"确定"按钮，新建一个页面。选择"视图 > 其他 > 隐藏框架边缘"命令，将所绘制图形的框架边缘隐藏。

图2-71

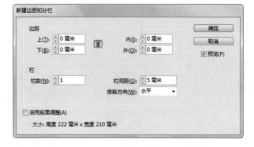

图2-72

（2）选择"直线"工具，在页面中绘制斜线，如图2-73所示。按住<Alt>+<Shift>组合键的同时，水平向左拖曳斜线到适当的位置，复制斜线，如图2-74所示。连续按<Ctrl>+<Alt>+<4>组合键，按需要复制出多条斜线，效果如图2-75所示。

图2-73　　　　图2-74　　　　图2-75

（3）选择"矩形"工具，在页面下方绘制矩形，设置图形填充色的CMYK值为36、0、0、0，填充图形，并设置描边色为无，效果如图2-76所示。

（4）保持图形选取状态。按<Ctrl>+<C>组合键复制图形，选择"编辑 > 原位粘贴"命令，原位粘贴图形。选择"选择"工具，向下拖曳矩形上边中间的控制手柄到适当的位置，调整其大小。设置图形填充色的CMYK值为73、0、5、53，填充图形，效果如图2-77所示。

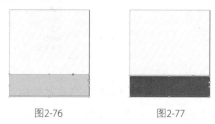

图2-76　　　　　　　图2-77

2. 绘制头部和五官

（1）选择"椭圆"工具，按住<Shift>键的同时，在适当的位置绘制圆形，填充图形为黑色，并设置描边色为无，效果如图2-78所示。按住<Alt>+<Shift>组合键的同时，水平向右拖曳图形到适当的位置，复制图形，效果如图2-79所示。

图2-78　　　　　图2-79

（2）双击"多边形"工具，弹出"多边形设置"对话框，选项的设置如图2-80所示，单击"确定"按钮。按住<Shift>键的同时，在适当的位置绘制多角星形，如图2-81所示。设置图形填充色的CMYK值为16、14、25、0，填充图形，并设置描边色为无，效果如图2-82所示。

图2-80

图2-81　　　　　图2-82

（3）选择"矩形"工具，在适当的位置绘制矩形，如图2-83所示。设置图形填充色的CMYK值为0、48、0、0，填充图形，并设置描边色为无，效果如图2-84所示。

图2-83　　　　　图2-84

（4）选择"对象 > 角选项"命令，弹出"角选项"对话框，选项的设置如图2-85所示，单击"确定"按钮，效果如图2-86所示。

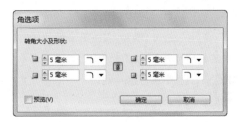

图2-85

图2-86

（5）选择"椭圆"工具，按住<Shift>键的同时，在适当的位置绘制圆形，填充图形为白色，并设置描边色为无，效果如图2-87所示。双击"缩放"工具，弹出"缩放"对话框，选项的设置如图2-88所示。单击"复制"按钮，填充图形为黑色，并将其微调到适当的位置，效果如图2-89所示。

图2-87

图2-88

图2-89

（6）选择"选择"工具，按住<Shift>键的同时，将圆形同时选取，如图2-90所示。按

<Ctrl>+<G>组合键将其编组，如图2-91所示。

（7）按住<Alt>+<Shift>组合键的同时，水平向右拖曳图形到适当的位置，复制图形；单击"控制"面板中的"水平翻转"按钮，水平翻转图形，效果如图2-92所示。

图2-90　　　　图2-91　　　　图2-92

（8）选择"椭圆"工具，在适当的位置绘制椭圆形，设置图形填充色的CMYK值为16、14、25、0，填充图形，并设置描边色为无，效果如图2-93所示。

（9）选择"矩形"工具，在适当的位置绘制矩形，如图2-94所示。设置图形填充色的CMYK值为100、80、54、0，填充图形，并设置描边色为无，效果如图2-95所示。

图2-93　　　　图2-94　　　　图2-95

3. 绘制身体部分

（1）选择"选择"工具，选取上方的圆角矩形，如图2-96所示。按住<Alt>+<Shift>组合键的同时，向下拖曳图形到适当的位置，复制图形，并调整其大小，效果如图2-97所示。

图2-96　　　　　　　　图2-97

（2）选择"选择"工具，选取上方的圆

角矩形，如图2-98所示。按住<Alt>+<Shift>组合键的同时，向下拖曳图形到适当的位置，复制图形，填充图形为白色，效果如图2-99所示。

图2-98　　　　　　　　图2-99

（3）选择"矩形"工具，在适当的位置绘制矩形，如图2-100所示。设置图形填充色的CMYK值为100、80、54、0，填充图形，并设置描边色为无，效果如图2-101所示。

图2-100　　　　　　　图2-101

（4）选择"对象＞角选项"命令，弹出"角选项"对话框，选项的设置如图2-102所示。单击"确定"按钮，效果如图2-103所示。

图2-102

图2-103

（5）选择"选择"工具，连续两次按<Ctrl>+<[>组合键，将图形后移至适当的位置，如图2-104所示。按住<Alt>+<Shift>组合键的同时，水平向右拖曳图形到适当的位置，复制图形，效果如图2-105所示。

图2-104　　　　　　　　图2-105

（6）选择"矩形"工具▣，在适当的位置绘制矩形，如图2-106所示。设置图形填充色的CMYK值为0、48、0、0，填充图形，并设置描边色为无，效果如图2-107所示。

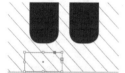 

图2-106　　　　　　　　图2-107

（7）选择"椭圆"工具◯，在适当的位置绘制椭圆形，如图2-108所示。设置图形填充色的CMYK值为0、48、0、0，填充图形，并设置描边色为无，效果如图2-109所示。

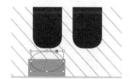 

图2-108　　　　　　　　图2-109

（8）选择"选择"工具▶，按住<Shift>键的同时，依次选取图形，如图2-110所示，按<Ctrl>+<G>组合键将图形编组，如图2-111所示。按住<Alt>+<Shift>组合键的同时，水平向右拖曳图形到适当的位置，复制图形，效果如图2-112所示。

图2-110　　　　　　　　图2-111

图2-112

4. 绘制手部图形

（1）选择"矩形"工具▣，在适当的位置绘制矩形，如图2-113所示。设置图形填充色的CMYK值为0、0、21、0，填充图形，并设置描边色为无，效果如图2-114所示。选择"对象 > 角选项"命令，弹出"角选项"对话框，选项的设置如图2-115所示。单击"确定"按钮，效果如图2-116所示。

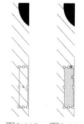

图2-113　　图2-114

图2-115　　　　　　　　　　　图2-116

（2）选择"旋转"工具↻，按住<Alt>键的同时，拖曳旋转中点到适当的位置，如图2-117所示。松开鼠标左键，弹出"旋转"对话框，选项的设置如图2-118所示，单击"复制"按钮，效果如图2-119所示。连续按<Ctrl>+<Alt>+<4>组合键，按需要复制多个图形，效果如图2-120所示。

图2-117　　　　　　图2-118

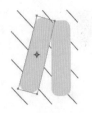

图2-119　　　　　　　　　　图2-120

（3）选择"椭圆"工具 ◎，按住<Shift>键的同时，在适当的位置绘制圆形，如图2-121所示。设置图形填充色的CMYK值为16、14、25、0，填充图形，并设置描边色为无，效果如图2-122所示。

图2-121　　　　　　　　　　图2-122

（4）选择"选择"工具 ▶，按住<Shift>键的同时，将所绘制的图形同时选取，如图2-123所示，按<Ctrl>+<G>组合键将其编组，效果如图2-124所示。

图2-123　　　　　　　　　　图2-124

（5）按住<Alt>+<Shift>组合键的同时，水平向右拖曳编组图形到适当的位置，复制图形，效果如图2-125所示。单击"控制"面板中的"水平翻转"按钮 ，水平翻转图形，效果如图2-126所示。再单击"垂直翻转"按钮 ，垂直翻转图形，效果如图2-127所示。

图2-125

图2-126　　　　　　　　　　图2-127

（6）选择"选择"工具 ▶，按住<Shift>键的同时，垂直向下拖曳图形到适当的位置，效果如图2-128所示。卡通机器人绘制完成，最终效果如图2-129所示。

图2-128　　　　　　　　　　图2-129

2.2.2　选取对象和取消选取

在InDesign CS6中，当对象呈选取状态时，在对象的周围会出现限位框（又称为外框）。限位框是代表对象水平和垂直尺寸的矩形框。对象的选取状态如图2-130所示。

当同时选取多个图形对象时，对象保留各自的限位框，选取状态如图2-131所示。

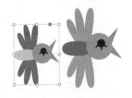
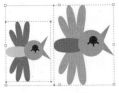

图2-130　　　　　　　　　　图2-131

要取消对象的选取状态，只需在页面中的空白位置单击即可。

1. 使用"选择"工具选取对象

选择"选择"工具 ▶，在要选取的图形对

象上单击，即可选取该对象。如果该对象是未填充的路径，则单击它的边缘即可完成选取。

选取多个图形对象时，按住<Shift>键的同时，依次单击选取多个对象，如图2-132所示。

图2-132

⊙ 选取矢量图形

选择"选择"工具 ，在页面中要选取的图形对象外围拖曳鼠标，会出现虚线框，如图2-133所示。虚线框接触到的对象都将被选取，如图2-134所示。

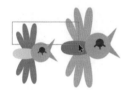

图2-133　　　　　　图2-134

⊙ 选取位图图片

图2-135

选择"选择"工具 ，将鼠标指针置于图片上，当指针显示为 时，如图2-135所示，单击图片可选取对象，如图2-136所示。在空白处单击，可取消选取状态，如图2-137所示。

图2-136　　　　　　图2-137

将鼠标指针移动到接近图片中心时，鼠标指针显示为 图标，如图2-138所示。单击可选取限位框内的图片，如图2-139所示。按Esc键，可切换到选取对象状态，如图2-140所示。

图2-138

图2-139　　　　　　　图2-140

2. 使用"直接选择"工具选取对象

选择"直接选择"工具 ，拖曳鼠标圈选图形对象，如图2-141所示。对象被选取，但被选取的对象不显示限位框，只显示锚点，如图2-142所示。

图2-141　　　　　　　图2-142

选择"直接选择"工具 ，在图形对象的某个锚点上单击，该锚点被选取，如图2-143所示。按住鼠标左键并拖曳选取的锚点到适当的位置，如图2-144所示，松开鼠标左键，改变对象的形状，如图2-145所示。按住<Shift>键的同时，单击需要的锚点，可选取多个锚点。

图2-143　　　　图2-144　　　　图2-145

选择"直接选择"工具 ，将鼠标指针放置在图形上，图形呈选取状态，如图2-146所示。在中心点再次单击，选取整个图形，如图2-147所示。按住鼠标左键将其拖曳到适当的位置，如图2-148所示，松开鼠标左键，移动对象。

图2-146　　　　　图2-147　　　　　图2-148

选择"直接选择"工具 ，单击图片的限位框，如图2-149所示。再单击中心点，如图2-150所示。按住鼠标左键将其拖曳到适当的位置，如图2-151所示。松开鼠标，则只移动限位框，框内的图片没有被移动，效果如图2-152所示。

图2-149　　　　　　　图2-150

图2-151　　　　　　　图2-152

当鼠标指针置于图片之上时，"直接选择"工具 会自动变为"抓手"工具 ，如图2-153所示。在图片上单击，可选取限位框内的图片，如图2-154所示。按住鼠标左键拖曳图片到适当的位置，如图2-155所示，松开鼠标，则只移动图片，限位框没有移动，效果如图2-156所示。

图2-153　　　　　　　图2-154

图2-155　　　　　　　图2-156

3．使用控制面板选取对象

单击"控制"面板中的"选择上一对象"按钮 ![]或"选择下一对象"按钮 ![]，可选取当前对象的上一个对象或下一个对象。单击"选择内容"按钮 ![]，可选取限位框中的图片。选择"选择容器"按钮 ![]，可以选取限位框。

2.2.3　缩放对象

1．使用工具箱中的工具缩放对象

选择"选择"工具 ，选取要缩放的对象，对象的周围出现限位框，如图2-157所示。选择"自由变换"工具 ![]，拖曳对象右上角的控制手柄，如图2-158所示。松开鼠标左键，对象的缩放效果如图2-159所示。

图2-157　　　　图2-158　　　　图2-159

选择"选择"工具 ，选取要缩放的对象，选择"缩放"工具 ![]，对象的中心会出现缩放对象的中心控制点，单击鼠标并拖曳中心控制点到适当的位置，如图2-160所示。再拖曳对角线上的控制手柄到适当的位置，如图2-161所示。松开鼠标左键，对象的缩放效果如图2-162所示。

图2-160　　　　图2-161　　　　图2-162

2. 使用"变换"面板缩放对象

选择"选择"工具，选取要缩放的对象，如图2-163所示。选择"窗口 > 对象和版面 > 变换"命令，弹出"变换"面板，如图2-164所示。在面板中，设置"X缩放百分比"和"Y缩放百分比"文本框中的数值，可以按比例缩放对象。设置"W"和"H"的数值可以缩放对象的限位框，但不能缩放限位框中的图片。

图2-163　　　　　　图2-164

设置需要的数值，如图2-165所示。按<Enter>键确认操作，效果如图2-166所示。

图2-165　　　　　　图2-166

3. 使用控制面板缩放对象

选择"选择"工具，选取要缩放的对象。在控制面板中，若单击"约束宽度和高度的比例"按钮，可以按比例缩放对象的限位框。其他选项的设置与"变换"面板中的相同，故这里不再赘述。

4. 使用菜单命令缩放对象

选择"选择"工具，选取要缩放的对

象，如图2-167所示。选择"对象 > 变换 > 缩放"命令，或双击"缩放"工具，弹出"缩放"对话框，如图2-168所示。在对话框中，设置"X缩放"和"Y缩放"文本框中的百分比数值，可以按比例缩放对象。若单击"约束缩放比例"按钮，就可以不按比例缩放对象。单击"复制"按钮，可复制多个缩放对象。

图2-167　　　　　　图2-168

设置需要的数值，如图2-169所示，单击"确定"按钮，效果如图2-170所示。

图2-169　　　　　　图2-170

5. 使用鼠标右键弹出式菜单命令缩放对象

在选取的图形对象上单击鼠标右键，弹出快捷菜单，选择"变换 > 缩放"命令，也可以对对象进行缩放（以下操作均可使用此方法）。

> 🔍 **提示**
>
> 拖曳对角线上的控制手柄时，按住<Shift>键，对象会按比例缩放。按住<Shift>+<Alt>组合键，对象会按比例从对象中心缩放。

2.2.4　移动对象

1. 使用键盘和工具箱中的工具移动对象

选择"选择"工具，选取要移动的对象，如图2-171所示。在对象上单击并按住鼠标左键不放，将其拖曳到适当的位置，如图2-172所示。松开鼠标左键，将对象移动到需要的位置，效果如图2-173所示。

图2-171　　　　　　　　图2-172

图2-173

选择"选择"工具，选取要移动的对象，如图2-174所示。双击"选择"工具，弹出"移动"对话框，如图2-175所示。在对话框中，"水平"和"垂直"文本框分别可以设置对象在水平方向和垂直方向上移动的数值；"距离"文本框可以设置对象移动的距离；"角度"文本框可以设置对象移动或旋转的角度。若单击"复制"按钮，可复制出多个移动对象。

图2-174　　　　　　　　图2-175

设置需要的数值，如图2-176所示，单击"确定"按钮，效果如图2-177所示。

图2-176　　　　　　　　图2-177

选取要移动的对象，用方向键可以微调对象的位置。

2. 使用"变换"面板移动对象

选择"选择"工具，选取要移动的对象，如图2-178所示。选择"窗口 > 对象和版面 > 变换"命令，弹出"变换"面板，如图2-179所示。在面板中，"X"和"Y"表示对象所在位置的横坐标值和纵坐标值。在文本框中输入需要的数值，如图2-180所示。按<Enter>键可以移动对象，效果如图2-181所示。

图2-178　　　　　　　　图2-179

图2-180　　　　　　　　图2-181

3. 使用控制面板移动对象

选择"选择"工具，选取要移动的对象，控制面板如图2-182所示。在控制面板中，设置"X"和"Y"文本框中的数值可以移动对象。

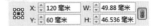

图2-182

4. 使用菜单命令移动对象

选择"选择"工具，选取要移动的对象。选择"对象 > 变换 > 移动"命令，或按<Shift>+<Ctrl>+<M>组合键，弹出"移动"对话框，如图2-183所示。与双击"选择"工具弹出的对话框相同，故这里不再赘述。设置需要的数值，单击"确定"按钮，可移动对象。

图2-183

2.2.5　镜像对象

1.　使用控制面板镜像对象

选择"选择"工具，选取要镜像的对象，如图2-184所示。单击"控制面板"中的"水平翻转"按钮，可使对象沿水平方向翻转镜像，效果如图2-185所示。单击"垂直翻转"按钮，可使对象沿垂直方向翻转镜像。

图2-184　　　　　　图2-185

选取要镜像的对象，选择"缩放"工具，在图片上适当的位置单击，将镜像中心控制点置于适当的位置，如图2-186所示。单击"控制面板"中的"水平翻转"按钮，可使对象以中心控制点为中心水平翻转镜像，效果如图2-187所示。单击"垂直翻转"按钮，可使对象以中心控制点为中心垂直翻转镜像。

图2-186　　　　　　图2-187

2.　使用菜单命令镜像对象

选择"选择"工具，选取要镜像的对象。选择"对象 > 变换 > 水平翻转"命令，可使对象水平翻转；选择"对象 > 变换 > 垂直翻转"命令，可使对象垂直翻转。

3.　使用"选择"工具镜像对象

选择"选择"工具，选取要镜像的对象，如图2-188所示。按住鼠标左键拖曳控制手柄到相对的边，如图2-189所示。松开鼠标，对象的镜像效果如图2-190所示。

图2-188　　　　图2-189　　　　图2-190

按住鼠标直接拖曳左边或右边中间的控制手柄到相对的边，松开鼠标后就可以得到原对象的水平镜像；按住鼠标直接拖曳上边或下边中间的控制手柄到相对的边，松开鼠标后就可以得到原对象的垂直镜像。

> **提示**
>
> 在镜像对象的过程中，只能使对象本身产生镜像。想要在镜像的位置生成一个对象的复制品，必须先在原位复制一个对象。

2.2.6　旋转对象

1.　使用工具箱中的工具旋转对象

选取要旋转的对象，如图2-191所示。选择"自由变换"工具，对象的四周会出现限位框，光标放在限位框的外围变为旋转符号，按住鼠标左键拖曳对象，如图2-192所示。旋转到需要的角度后松开鼠标左键，对象的旋转效果如图2-193所示。

图2-191　　　　图2-192　　　　图2-193

选取要旋转的对象，如图2-194所示。选择"旋转"工具🔄，对象的中心点会出现旋转中心图标✛，如图2-195所示。将鼠标移动到旋转中心上，按住鼠标左键拖曳旋转中心到需要的位置，如图2-196所示。在所选对象外围拖曳鼠标旋转对象，效果如图2-197所示。

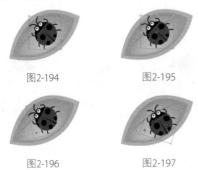

图2-194　　　　　　图2-195

图2-196　　　　　　图2-197

2. 使用"变换"面板旋转对象

选择"窗口 > 对象和版面 > 变换"命令，弹出"变换"面板。"变换"面板的使用方法和"移动对象"中的使用方法相同，这里不再赘述。

3. 使用控制面板旋转对象

选择"选择"工具▶，选取要旋转的对象，在控制面板中的"旋转角度"▲⬍0°　▼文本框中设置对象需要旋转的角度，按<Enter>键确认操作，对象被旋转。

单击"顺时针旋转90°"按钮🔁，可将对象顺时针旋转90°；单击"逆时针旋转90°"按钮🔄，可将对象逆时针旋转90°。

4. 使用菜单命令旋转对象

选取要旋转的对象，如图2-198所示。选择"对象 > 变换 > 旋转"命令或双击"旋转"工具🔄，弹出"旋转"对话框，如图2-199所示。在"角度"文本框中可以直接输入对象旋转的角度，旋转角度可以是正值也可以是负值，对象将按指定的角度旋转。

图2-198　　　　　　图2-199

设置需要的数值，如图2-200所示。单击"确定"按钮，效果如图2-201所示。

图2-200　　　　　　图2-201

1. 使用工具箱中的工具倾斜变形对象

选取要倾斜变形的对象，如图2-202所示。选择"切变"工具📐，用鼠标拖动变形对象，如图2-203所示。倾斜到需要的角度后松开鼠标左键，对象的倾斜变形效果如图2-204所示。

图2-202　　　　图2-203　　　　图2-204

2. 使用"变换"面板倾斜变形对象

选择"窗口 > 对象和版面 > 变换"命令，弹出"变换"面板。"变换"面板的使用方法和"移动对象"中的使用方法相同，这里不再赘述。

3. 使用控制面板倾斜对象

选择"选择"工具▶，选取要倾斜的对象，在控制面板的"X 切变角度"⬦⬍0°　▼文本框中设置对象需要倾斜的角度，按<Enter>键确认操作，对象按指定的角度倾斜。

4．使用菜单命令倾斜变形对象

选取要倾斜变形的对象，如图2-205所示。选择"对象 > 变换 > 切变"命令，弹出"切变"对话框，如图2-206所示。在"切变角度"文本框中可以设置对象切变的角度。在"轴"选项组中，点选"水平"单选项，对象可以水平倾斜；点选"垂直"单选项，对象可以垂直倾斜。"复制"按钮用于在原对象上复制多个倾斜的对象。

设置需要的数值，如图2-207所示，单击"确定"按钮，效果如图2-208所示。

图2-205　　　　　　　图2-206

图2-207　　　　　　　图2-208

2.2.8 复制对象

1．使用菜单命令复制对象

选取要复制的对象，如图2-209所示。选择"编辑 > 复制"命令，或按<Ctrl>+<C>组合键，对象的副本将被放置在剪贴板中。

选择"编辑 > 粘贴"命令，或按<Ctrl>+<V>组合键，对象的副本将被粘贴到页面中。选择"选择"工具 ，将其拖曳到适当的位置，效果如图2-210所示。

图2-209　　　　　　　图2-210

2．使用鼠标右键弹出式菜单命令复制对象

选取要复制的对象，如图2-211所示。在对象上单击鼠标右键，弹出快捷菜单，选择"变换 > 移动"命令，如图2-212所示。弹出"移动"对话框，设置需要的数值，如图2-213所示。单击"复制"按钮，可以在选中的对象上复制一个对象，效果如图2-214所示。

图2-211

图2-212

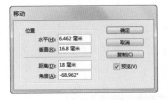

图2-213　　　　　　　图2-214

在对象上再次单击鼠标右键，弹出快捷菜单，选择"再次变换 > 再次变换序列"命令，或按<Ctrl>+<Alt>+<4>组合键，对象可按"移动"对话框中的设置再次进行复制，效果如图2-215所示。

图2-215

3. 使用鼠标拖曳方式复制对象

选取要复制的对象，按住<Alt>键的同时，在对象上拖曳鼠标，对象的周围出现灰色框指示移动的位置，将其移动到需要的位置后，松开鼠标左键，再松开<Alt>键，可复制出一个选取对象。

2.2.9 删除对象

选取要删除的对象，选择"编辑 > 清除"命令，或按<Delete>键，可以将选取的对象删除。如果想删除多个或全部对象，首先要选取这些对象，再执行"清除"命令。

2.2.10 撤销和恢复对对象的操作

1. 撤销对对象的操作

选择"编辑 > 还原"命令，或按<Ctrl>+<Z>组合键，可以撤销上一次的操作。连续按快捷键，可以连续撤销原来的操作。

2. 恢复对对象的操作

选择"编辑 > 重做"命令，或按<Shift>+<Ctrl>+<Z>组合键，可以恢复上一次的操作。如果连续按两次快捷键，即恢复两步操作。

2.3 组织图形对象

在InDesign CS6中，有很多组织图形对象的方法，其中包括调整对象的前后顺序，对齐与分布对象，编组、锁定与隐藏对象等。

2.3.1 课堂案例——制作运动海报

【案例学习目标】学习使用对齐面板对齐图片，使用排列命令调整图片的排列顺序。

【案例知识要点】使用置入命令置入图片；使用控制面板中的对齐按钮对齐图片；使用切变工具倾斜图形和文字，效果如图2-216所示。

【效果所在位置】本书学习资源/Ch02/效果/制作运动海报.indd。

图2-216

1. 制作背景

（1）选择"文件 > 新建 > 文档"命令，弹出"新建文档"对话框，设置如图2-217所示。单击"边距和分栏"按钮，弹出"新建边距和分栏"对话框，设置如图2-218所示。单击"确定"按钮，新建一个页面。选择"视图 > 其他 > 隐藏框架边缘"命令，将所绘制图形的框架边缘隐藏。

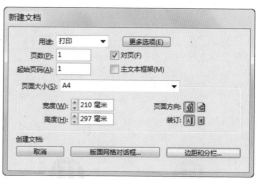

图2-217

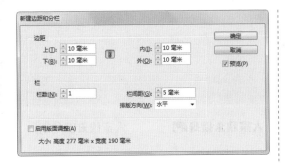

图2-218

（2）选择"文件 > 置入"命令，弹出"置入"对话框，选择本书学习资源中的"Ch02 > 素材 > 制作运动海报 > 01"文件，单击"打开"按钮，在页面空白处单击鼠标左键，置入图片。选择"自由变换"工具，将图片拖曳到适当的位置，并调整其大小，效果如图2-219所示。用相同的方法置入"02"图片，并调整其位置和大小，效果如图2-220所示。

图2-219　　　　　　　　图2-220

（3）选择"直接选择"工具，选取需要的锚点，按住<Shift>键的同时，垂直向上拖曳锚点到适当的位置，如图2-221所示。松开鼠标后，效果如图2-222所示。

图2-221　　　　　　　　图2-222

（4）用相同的方法置入并编辑其他图片，效果如图2-223所示。选择"选择"工具，按住

<Shift>键的同时，依次选取多个图片，如图2-224所示。在"控制"面板中单击"底对齐"按钮，将图片底对齐，效果如图2-225所示。

图2-223　　　　　　　　图2-224

图2-225

（5）选择"选择"工具，按住<Shift>键的同时，依次选取图片，如图2-226所示。在"控制"面板中单击"右对齐"按钮，将图片右对齐，效果如图2-227所示。

图2-226　　　　　　　　图2-227

（6）选择"选择"工具，按住<Shift>键的同时，依次选取图片，如图2-228所示。在"控制"面板中单击"左对齐"按钮，将图片左对齐，效果如图2-229所示。

图2-228   图2-229

（7）选择"矩形"工具 ▦，在适当的位置绘制矩形，如图2-230所示。设置图形填充色的CMYK值为15、100、100、0，填充图形，并设置描边色为无，效果如图2-231所示。选择"切变"工具 ⊿，将光标置于矩形右侧，按住<Shift>键的同时，垂直向上拖曳到适当的位置，变形效果如图2-232所示。

图2-230

图2-231   图2-232

（8）选择"选择"工具 ▸，按住<Alt>+<Shift>组合键的同时，垂直向下拖曳图形到适当的位置，复制图形，如图2-233所示。向上拖曳图形下边中间的控制手柄到适当的位置，调整其大小，并设置图形填充色的CMYK值为0、79、100、0，填充图形，效果如图2-234所示。

图2-233   图2-234

2. 制作文字效果

（1）选择"文字"工具 T，在页面外拖曳

出一个文本框，输入需要的文字，将输入的文字同时选取，在"控制"面板中选择合适的字体并设置文字大小，效果如图2-235所示。设置文字填充色的CMYK值为15、100、100、0，填充文字，效果如图2-236所示。

图2-235   图2-236

（2）双击"切变"工具 ⊿，弹出"切变"对话框，选项的设置如图2-237所示，单击"确定"按钮。将文字拖曳到页面中的适当位置，效果如图2-238所示。

图2-237   图2-238

（3）用相同的方法制作其他文字，效果如图2-239所示。运动海报制作完成，最终效果如图2-240所示。

图2-239   图2-240

2.3.2 对齐对象

"对齐"面板中的"对齐对象"选项组中包括6个对齐命令按钮，即"左对齐"按钮 ▤、"水平居中对齐"按钮 ▣、"右对齐"按钮 ▤、"顶对齐"按钮 ▤、"垂直居中对齐"按钮 ▣ 和"底对齐"按钮 ▣。

选取要对齐的对象，如图2-241所示。选择"窗口 > 对象和版面 > 对齐"命令，或按<Shift>+<F7>组合键，弹出"对齐"面板，如图2-242所示。单击需要的对齐按钮，对齐效果如图2-243所示。

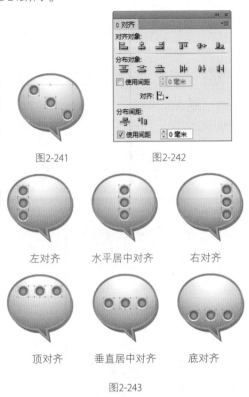

图2-241　　　　图2-242

左对齐　　水平居中对齐　　右对齐

顶对齐　　垂直居中对齐　　底对齐

图2-243

2.3.3　分布对象

"对齐"面板中的"分布对象"选项组中包括6个分布命令按钮，即"按顶分布"按钮、"垂直居中分布"按钮、"按底分布"按钮、"按左分布"按钮、"水平居中分布"按钮和"按右分布"按钮。"分布间距"选项组中有2个命令按钮，即"垂直分布间距"按钮和"水平分布间距"按钮。单击需要的分布命令按钮，分布效果如图2-244所示。

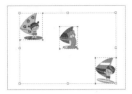
原图　　　　按顶分布

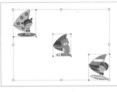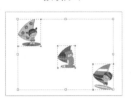
垂直居中分布　　　按底分布

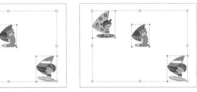
按左分布　　　水平居中分布

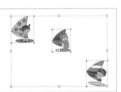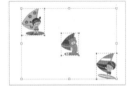
按右分布　　　垂直分布间距

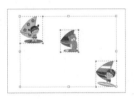
水平分布间距

图2-244

勾选"使用间距"复选框，在数值框中设置距离数值，所有被选取的对象将以所需的分布方式按设置的数值等距离分布。

2.3.4　对齐基准

"对齐"面板中的"对齐基准"选项中包括5个对齐命令，即对齐选区、对齐关键对象、对齐边距、对齐页面和对齐跨页。选择需要的对齐基准，以"按顶分布"为例，对齐效果如图2-245所示。

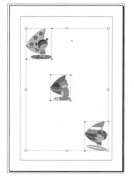 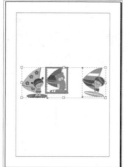

对齐选区　　　　　　对齐关键对象

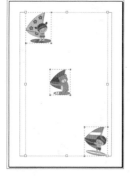 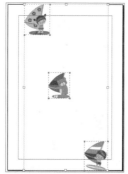

对齐边距　　　　　　对齐页面

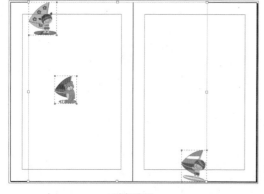

对齐跨页

图2-245

2.3.5　用辅助线对齐对象

选择"选择"工具 ，单击页面左侧的标尺，按住鼠标左键不放并向右拖曳，拖曳出一条

垂直的辅助线，将辅助线放在要对齐对象的左边线上，如图2-246所示。

用鼠标单击下方图片并按住鼠标左键不放向左拖曳，使下方图片的左边线和上方图片的左边线垂直对齐，如图2-247所示。松开鼠标左键，对齐效果如图2-248所示。

 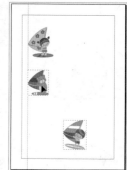

图2-246　　　　　　图2-247

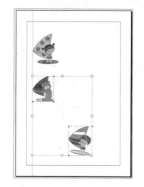

图2-248

2.3.6　对象的排序

图形对象之间存在着堆叠的关系，后绘制的图像一般显示在先绘制的图像之上。在实际操作中，可以根据需要改变图像之间的堆叠顺序。

选取要移动的图像，选择"对象 > 排列"命令，其子菜单包括4个命令，即"置于顶层""前移一层""后移一层""置为底层"，使用这些命令可以改变图形对象的排序，效果如图2-249所示。

　　　　原图　　　　　　　　置于顶层

前移一层　　　　　后移一层　　　　置为底层

图2-249

2.3.7　编组

1. 创建编组

　　选取要编组的对象，如图2-250所示。选择"对象 > 编组"命令，或按<Ctrl>+<G>组合键将选取的对象编组，如图2-251所示。编组后，选择其中的任何一个图像，其他的图像也会被同时选取。

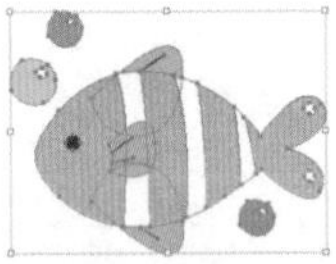

　　　图2-250 　　　　　　　　　　图2-251

　　将多个对象组合后，其外观并没有变化，当对任何一个对象进行编辑时，其他对象也会随之产生相应的变化。

　　"编组"命令还可以将几个不同的组合进行进一步的组合，或在组合与对象之间进行进一步的组合。在几个组之间进行组合时，原来的组合并没有消失，它与新得到的组合是嵌套的关系。

> 💡 **提示**
>
> 　　组合不同图层上的对象，组合后所有的对象将自动移动到最上边对象的图层中，并形成组合。

2. 取消编组

　　选取要取消编组的对象，如图2-252所示。选择"对象 > 取消编组"命令，或按<Shift>+<Ctrl>+<G>组合键取消对象的编组。取消编组后的图像，可通过单击鼠标左键选取任意一个图形对象，如图2-253所示。

　　　图2-252 　　　　　　　　　　图2-253

　　执行一次"取消编组"命令只能取消一层组合。例如，两个组合使用"编组"命令得到一个新的组合，应用"取消编组"命令取消这个新组合后，得到两个原始的组合。

2.3.8　锁定对象位置

　　使用锁定命令来锁定文档中不希望移动的对象。只要对象是锁定的，它便不能被移动，但仍然可以选取该对象，并更改其他的属性（如颜色、描边等）。当文档被保存、关闭或重新打开时，锁定的对象会保持锁定。

　　选取要锁定的图形，如图2-254所示。选择"对象 > 锁定"命令，或按<Ctrl>+<L>组合键，将图形的位置锁定。锁定后，当移动图形时，其他图形移动，该对象保持不动，效果如图2-255所示。

　　　图2-254 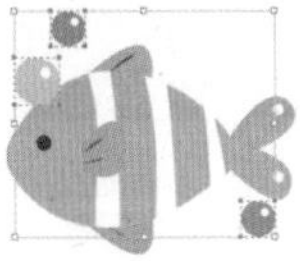　　　　　　　　　　图2-255

　　选择"对象 > 解锁位置"命令，或按<Alt>+<Ctrl>+<L>组合键，被锁定的对象就会被取消锁定。

课堂练习——制作ICON图标

【练习知识要点】使用矩形工具、角选项命令和渐变色板工具制作圆角矩形；使用椭圆工具和描边粗细选项绘制圆形；使用复制命令和原位粘贴命令复制粘贴图形；使用矩形工具、X切变角度选项、垂直翻转按钮和再制命令制作箭头图形，效果如图2-256所示。

【效果所在位置】Ch02/效果/制作ICON图标.indd。

图2-256

课后习题——绘制游戏图标

【习题知识要点】使用矩形工具、角选项命令、颜色面板和渐变面板制作图标；使用缩放命令缩放图形；使用文字工具添加图标文字，效果如图2-257所示。

【效果所在位置】Ch02/效果/绘制游戏图标.indd。

图2-257

第 *3* 章

路径的绘制与编辑

本章介绍

　　本章介绍InDesign CS6中路径的相关知识，讲解如何运用各种方法绘制和编辑路径。通过对本章内容的学习，读者可以运用强大的绘制与编辑路径工具绘制出需要的自由曲线和创意图形。

学习目标

◆ 熟练掌握绘制和编辑路径的方法。
◆ 掌握复合形状的技巧。

技能目标

◆ 掌握"信纸"的绘制方法。
◆ 掌握"橄榄球图标"的绘制方法。

3.1 绘制并编辑路径

在InDesign CS6中，可以使用绘图工具绘制直线和曲线路径，也可以将矩形、多边形、椭圆形和文本对象转换成路径。下面具体介绍绘图和编辑路径的方法与技巧。

3.1.1 课堂案例——绘制信纸

【案例学习目标】学习使用绘制图形工具、编辑对象命令绘制信纸。

【案例知识要点】使用钢笔工具、翻转命令绘制信纸底图；使用直线工具、复制命令添加信纸横隔，效果如图3-1所示。

【效果所在位置】Ch03/效果/绘制信纸.indd。

图3-1

1. 绘制信纸底图

（1）选择"文件 > 新建 > 文档"命令，弹出"新建文档"对话框，设置如图3-2所示。单击"边距和分栏"按钮，弹出"新建边距和分栏"对话框，设置如图3-3所示，单击"确定"按钮，新建一个页面。选择"视图 > 其他 > 隐藏框架边缘"命令，将所绘制图形的框架边缘隐藏。

（2）选择"钢笔"工具 ，在页面中绘制闭合路径，如图3-4所示。设置图形填充色的CMYK值为43、0、34、0，填充图形，并设置描边色为无，效果如图3-5所示。

（3）选择"选择"工具 ，按住<Alt>+<Shift>

组合键的同时，垂直向下拖曳图形到适当的位置，复制图形，如图3-6所示。单击"控制"面板中的"水平翻转"按钮 ，水平翻转图形，如图3-7所示。再单击"垂直翻转"按钮 ，垂直翻转图形，效果如图3-8所示。

图3-2

图3-3

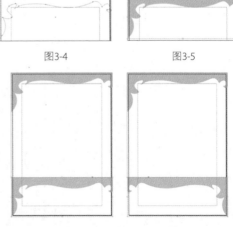

图3-4

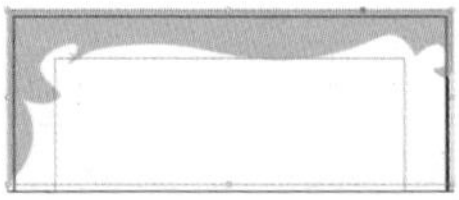

图3-5

图3-6

图3-7

图3-8

（4）选择"钢笔"工具 ，在页面中绘制闭合路径，如图3-9所示。设置图形填充色的CMYK值为43、0、34、0，填充图形，设置描边色为无，效果如图3-10所示。

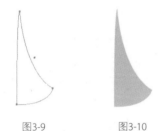

图3-9　　　　　　图3-10

（5）用相同的方法绘制其他图形并填充相同的颜色。选择"选择"工具，按住<Shift>键的同时，依次选取图形，如图3-11所示。按<Ctrl>+<G>组合键将选取的图形编组，并拖曳到适当的位置，效果如图3-12所示。

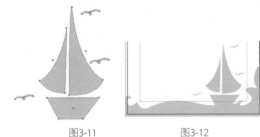

图3-11　　　　　　图3-12

2．添加信纸横隔

（1）选择"直线"工具，按住<Shift>键的同时，在页面中绘制直线，如图3-13所示。设置描边色的CMYK值为43、0、34、0，填充描边，效果如图3-14所示。

图3-13　　　　　　图3-14

（2）选择"选择"工具，选取直线，按住<Alt>+<Shift>组合键的同时，垂直向下拖曳直线到适当的位置，复制直线，如图3-15所示。多次按<Ctrl>+<Alt>+<4>组合键，按需要再复制出多条直线，效果如图3-16所示。

图3-15　　　　　　图3-16

（3）选择"文字"工具，在页面中拖曳一个文本框，输入需要的文字，将输入的文字同时选取，在"控制"面板中选择合适的字体和文字大小，效果如图3-17所示。设置文字填充色的CMYK值为43、0、34、0，填充文字，最终效果如图3-18所示。信纸绘制完成。

图3-17　　　　　　图3-18

3.1.2 路径

1. 路径的基本概念

路径分为开放路径、闭合路径和复合路径3种类型。开放路径的两个端点没有连接在一起，如图3-19所示。闭合路径没有起点和终点，是一条连续的路径，如图3-20所示，可对其进行内部填充或描边填充。复合路径是将几个开放或闭合路径进行组合而形成的路径，如图3-21所示。

图3-19   图3-20

图3-21

2. 路径的组成

路径由锚点和线段组成，可以通过调整路径上的锚点或线段来改变路径的形状。曲线路径上，每一个锚点有一条或两条控制线，曲线中间的锚点有两条控制线，曲线端点的锚点有一条控制线。控制线总是与曲线上锚点所在的圆相切，控制线呈现的角度和长度决定了曲线的形状。控制线的端点称为控制点，可以通过调整控制点来对整个曲线进行调整，如图3-22所示。

图3-22

锚点：由钢笔工具创建，是一条路径中两条线段的交点。路径是由锚点组成的。

直线锚点：单击刚建立的锚点，可以将锚点转换为带有一个独立调节手柄的直线锚点。直线锚点是一条直线段与一条曲线段的连接点。

曲线锚点：曲线锚点是带有两个独立调节手柄的锚点。曲线锚点是两条曲线段之间的连接点。调节手柄可以改变曲线的弧度。

控制线和调节手柄：通过调节控制线和调节手柄，可以更精准地绘制出路径。

直线段：用钢笔工具在图像中单击两个不同的位置，将在两点之间创建一条直线段。

曲线段：拖动曲线锚点可以创建一条曲线段。

端点：路径的结束点就是路径的端点。

3.1.3 直线工具

选择"直线"工具，鼠标指针会变成形状，按住鼠标左键并将其拖曳到适当的位置可以绘制出一条任意角度的直线，如图3-23所示。松开鼠标左键，绘制出选取状态的直线，效果如图3-24所示。选择"选择"工具，在选中的直线外单击，取消选取状态，直线的效果如图3-25所示。

按住<Shift>键，再进行绘制，可以绘制水平、垂直或45°及45°倍数的直线，如图3-26所示。

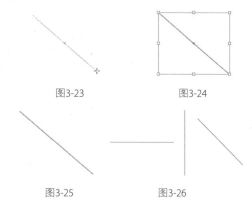

图3-23   图3-24

图3-25   图3-26

3.1.4　铅笔工具

1．使用铅笔工具绘制开放路径

选择"铅笔"工具 ✎，当鼠标指针显示为图标 ✎时，在页面中拖曳鼠标绘制路径，如图3-27所示。松开鼠标左键后，效果如图3-28所示。

图3-27

图3-28

2．使用铅笔工具绘制封闭路径

选择"铅笔"工具 ✎，按住鼠标左键在页面中拖曳，按住<Alt>键，当铅笔工具显示为图标 ✎时，表示正在绘制封闭路径，如图3-29所示。松开鼠标左键，再松开<Alt>键，绘制出封闭的路径，效果如图3-30所示。

图3-29　　　　　　图3-30

3．使用铅笔工具链接两条路径

选择"选择"工具 ▶，选取两条开放的路径，如图3-31所示。选择"铅笔"工具 ✎，按住鼠标左键，将光标从一条路径的端点拖曳到另一条路径的端点处，如图3-32所示。按住<Ctrl>键，铅笔工具显示为合并图标 ✎，表示将合并两个锚点或路径，如图3-33所示。松开鼠标左键，再松开<Ctrl>键，效果如图3-34所示。

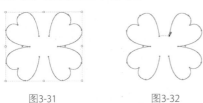

图3-31　　　　　　图3-32

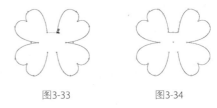

图3-33　　　　　　图3-34

3.1.5　平滑工具

选择"直接选择"工具 ▶，选取要进行平滑处理的路径。选择"平滑"工具 ✎，沿着要进行平滑处理的路径线段拖曳，如图3-35所示。继续进行平滑处理，直到描边或路径达到所需的平滑度，效果如图3-36所示。

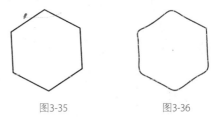

图3-35　　　　　　图3-36

3.1.6　抹除工具

选择"直接选择"工具 ▶，选取要抹除的路径，如图3-37所示。选择"抹除"工具 ✎，沿着要抹除的路径段拖曳，如图3-38所示。抹除后的路径断开，生成两个端点，效果如图3-39所示。

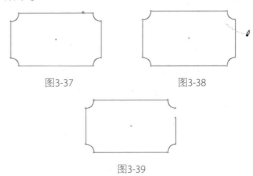

图3-37　　　　　　图3-38

图3-39

3.1.7　钢笔工具

1．使用钢笔工具绘制直线和折线

选择"钢笔"工具 ✎在页面中任意位置单

击，将创建出1个锚点，将鼠标指针移动到需要的位置再单击，可以创建第2个锚点，两个锚点之间自动以直线进行连接，效果如图3-40所示。

将鼠标指针移动到其他位置后单击，就出现了第3个锚点，在第2个和第3个锚点之间生成一条新的直线路径，效果如图3-41所示。

使用相同的方法继续绘制路径效果，如图3-42所示。当要闭合路径时，将鼠标指针定位于创建的第1个锚点上，鼠标指针变为图标，如图3-43所示，单击就可以闭合路径，效果如图3-44所示。

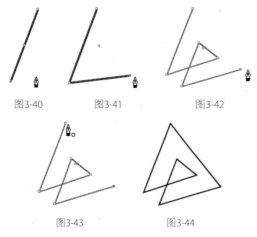

图3-40

图3-41

图3-42

图3-43

图3-44

绘制一条路径并保持路径开放，如图3-45所示。按住<Ctrl>键的同时，在对象外的任意位置单击，可以结束路径的绘制，开放路径效果如图3-46所示。

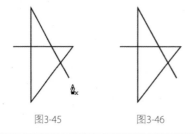

图3-45

图3-46

技巧

按住<Shift>键创建锚点，将强迫系统以45°或45°的倍数绘制路径。按住<Alt>键，“钢笔”工具将暂时转换成“转换方向点”工具。按住<Ctrl>键的同时，“钢笔”工具将暂时转换成“直接选择”工具。

2. 使用钢笔工具绘制路径

选择“钢笔”工具在页面中单击，并按住鼠标左键拖曳来确定路径的起点。起点的两端分别出现了一条控制线，松开鼠标左键，其效果如图3-47所示。

移动鼠标指针到需要的位置，再次单击并按住鼠标左键拖曳，出现了一条路径段。拖曳鼠标的同时，第2个锚点两端也出现了控制线。按住鼠标左键不放，随着鼠标的移动，路径段的形状也随之发生变化，如图3-48所示。松开鼠标左键，移动鼠标继续绘制。

如果连续单击并拖曳鼠标，就会绘制出连续平滑的路径，如图3-49所示。

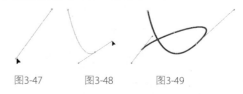

图3-47

图3-48

图3-49

3. 使用钢笔工具绘制混合路径

选择“钢笔”工具在页面中需要的位置单击两次绘制出直线，如图3-50所示。

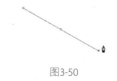

图3-50

移动鼠标指针到需要的位置，再次单击并按住鼠标左键拖曳，绘制出一条路径段，如图3-51所示。松开鼠标左键，移动鼠标指针到需要的位置，再次单击并按住鼠标左键拖曳，又绘制出一条路径段，松开鼠标左键，如图3-52所示。

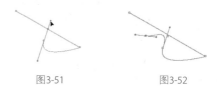

图3-51

图3-52

将“钢笔”工具的光标定位于刚建立的路径锚点上，一个转换图符会出现在钢笔工具旁，在路径锚点上单击，将路径锚点转换为直线锚点，如图3-53所示。移动鼠标指针到需要的位置再次单击，在路径段后绘制出直线段，如图3-54所示。

图3-53　　　　　　　图3-54

将鼠标指针定位于创建的第1个锚点上，鼠标指针变为 图标，单击并按住鼠标左键拖曳，如图3-55所示。松开鼠标左键，绘制出路径并闭合路径，如图3-56所示。

图3-55　　　　　　　图3-56

4. 调整路径

选择"直接选择"工具 ，选取需要调整的路径，如图3-57所示。使用"直接选择"工具 ，在要调整的锚点上单击并拖曳鼠标，可以移动锚点到需要的位置，如图3-58所示。拖曳锚点两端控制线上的调节手柄，可以调整路径的形状，如图3-59所示。

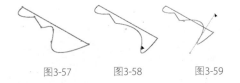

图3-57　　　图3-58　　　图3-59

3.1.8　选取、移动锚点

1. 选中路径上的锚点

对路径或图形上的锚点进行编辑时，必须先选中要编辑的锚点。绘制一条路径，选择"直接选择"工具 ，将显示路径上的锚点和线段，如图3-60所示。

路径中的每个方形小圈就是路径的锚点，在需要选取的锚点上单击，锚点上会显示控制线和控制线两端的控制点，同时会显示前后锚点的控制线和控制点，效果如图3-61所示。

图3-60　　　　　　　图3-61

2. 选中路径上的多个或全部锚点

选择"直接选择"工具 ，按住<Shift>键单击需要的锚点，可选取多个锚点，如图3-62所示。

选择"直接选择"工具 ，在绘图页面中路径图形的外围按住鼠标左键，拖曳鼠标圈住多个或全部锚点，如图3-63和图3-64所示。被圈住的锚点多个或全部将被选取，如图3-65和图3-66所示。单击路径外的任意位置，锚点的选取状态将被取消。

选择"直接选择"工具 ，单击路径的中心点，可选取路径上的所有锚点，如图3-67所示。

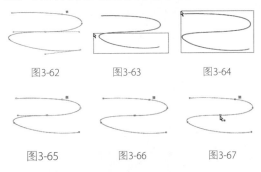

图3-62　　　　图3-63　　　　图3-64

图3-65　　　　图3-66　　　　图3-67

3. 移动路径上的单个锚点

绘制一个图形，如图3-68所示。选择"直接选择"工具 ，单击要移动的锚点并按住鼠标左键拖曳，如图3-69所示。松开鼠标左键，图形调整后的效果如图3-70所示。

图3-68　　　　图3-69　　　　图3-70

选择"直接选择"工具 ，选取并拖曳锚点上的控制点，如图3-71所示。松开鼠标左键，图形调整后的效果如图3-72所示。

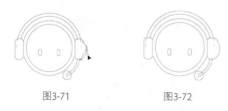

图3-71　　　　　　　　　图3-72

4. 移动路径上的多个锚点

选择"直接选择"工具![工具图标]，圈选图形上的部分锚点，如图3-73所示。按住鼠标左键将其拖曳到适当的位置，松开鼠标左键，移动后的锚点如图3-74所示。

图3-73　　　　　　　　　图3-74

选择"直接选择"工具![工具图标]，锚点的选取状态如图3-75所示。拖曳任意一个被选取的锚点，其他被选取的锚点也会随着移动，如图3-76所示。松开鼠标左键，图形调整后的效果如图3-77所示。

图3-75　　　　图3-76　　　　图3-77

3.1.9　增加、删除、转换锚点

选择"直接选择"工具![工具图标]，选取要增加锚点的路径，如图3-78所示。选择"钢笔"工具![工具图标]或"添加锚点"工具![工具图标]，将光标定位到要增加锚点位置，如图3-79所示。单击鼠标左键增加一个锚点，如图3-80所示。

图3-78　　　　图3-79　　　　图3-80

选择"直接选择"工具![工具图标]，选取需要删除锚点的路径，如图3-81所示。选择"钢笔"工具![工具图标]或"删除锚点"工具![工具图标]，将光标定位到要删除的锚点的位置，如图3-82所示。单击鼠标左键可以删除这个锚点，效果如图3-83所示。

图3-81　　　　图3-82　　　　图3-83

> **🔍 技巧**
>
> 如果需要在路径和图形中删除多个锚点，可以先按住<Shift>键，再用鼠标选择要删除的多个锚点，选择好后按<Delete>键就可以了。也可以使用圈选的方法选择需要删除的多个锚点，选择好后按<Delete>键。

选择"直接选择"工具![工具图标]选取路径，如图3-84所示。选择"转换方向点"工具![工具图标]，将光标定位到要转换的锚点上，如图3-85所示。拖曳鼠标可转换锚点，编辑路径的形状，效果如图3-86所示。

图3-84　　　　图3-85　　　　图3-86

3.1.10　连接、断开路径

1. 使用钢笔工具连接路径

选择"钢笔"工具![工具图标]，将光标置于一条开放路径的端点上，当光标变为图标![图标]时单击端点，如图3-87所示，在需要扩展的新位置单击，绘制出的连接路径如图3-88所示。

图3-87　　　　　　　　　图3-88

选择"钢笔"工具 ，将光标置于一条路径的端点上，当光标变为 图标时单击端点，如图3-89所示，再将光标置于另一条路径的端点上，当光标变为 图标时，如图3-90所示。单击端点将两条路径连接，效果如图3-91所示。

图3-89　　　图3-90　　　　　图3-91

2. 使用面板连接路径

选择一条开放路径，如图3-92所示。选择"窗口 > 对象和版面 > 路径查找器"命令，弹出"路径查找器"面板，单击"封闭路径"按钮 ，如图3-93所示。将路径闭合，效果如图3-94所示。

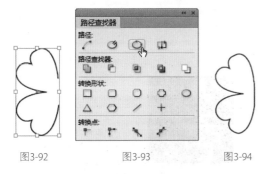

图3-92　　　　　图3-93　　　　　图3-94

3. 使用菜单命令连接路径

选择一条开放路径，选择"对象 > 路径 > 封闭路径"命令，也可将路径封闭。

4. 使用剪刀工具断开路径

选择"直接选择"工具 ，选取要断开路径的锚点，如图3-95所示。选择"剪刀"工具 ，在锚点处单击，可将路径剪开，如图3-96所示。选择"直接选择"工具 ，单击并拖曳断开的锚点，效果如图3-97所示。

选择"选择"工具 ，选取要断开的路径，如图3-98所示。选择"剪刀"工具 ，在要断开的路径处单击，可将路径剪开，单击处将生成呈选中状态的锚点，如图3-99所示。选择"直

接选择"工具 ，单击并拖曳断开的锚点，效果如图3-100所示。

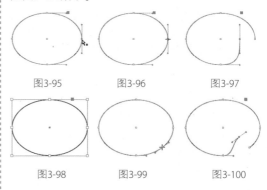

图3-95　　　　图3-96　　　　图3-97

图3-98　　　　图3-99　　　　图3-100

5. 使用面板断开路径

选择"选择"工具 ，选取需要断开的路径，如图3-101所示。选择"窗口 > 对象和版面 > 路径查找器"命令，弹出"路径查找器"面板，单击"开放路径"按钮 ，如图3-102所示。将封闭的路径断开，如图3-103所示。呈选中状态的锚点是断开的锚点，选取并拖曳该锚点，效果如图3-104所示。

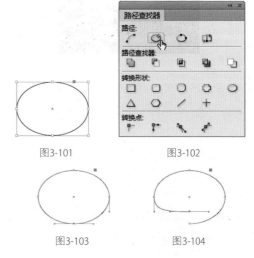

图3-101　　　　　　图3-102

图3-103　　　　　　图3-104

6. 使用菜单命令断开路径

选择一条封闭路径，选择"对象 > 路径 > 开放路径"命令可将路径断开，呈现选中状态的锚点为路径的断开点。

3.2 复合形状

在InDesign CS6中，使用复合形状来编辑图形对象是非常重要的手段。复合形状是由简单路径、文本框、文本外框或其他形状通过添加、减去、交叉、排除重叠或减去后方对象制作而成的。

3.2.1 课堂案例——绘制橄榄球图标

【案例学习目标】学习使用绘制图形工具和路径查找器面板绘制橄榄球图标。

【案例知识要点】使用椭圆工具、缩放命令、钢笔工具、矩形工具和路径查找器面板制作橄榄球；使用文字工具输入需要的文字，效果如图3-105所示。

【效果所在位置】Ch03/效果/绘制橄榄球图标.indd。

图3-105

（1）选择"文件 > 新建 > 文档"命令，弹出"新建文档"对话框，设置如图3-106所示。单击"边距和分栏"按钮，弹出"新建边距和分栏"对话框，设置如图3-107所示，单击"确定"按钮，新建一个页面。选择"视图 > 其他 > 隐藏框架边缘"命令，将所绘制图形的框架边缘隐藏。

图3-106

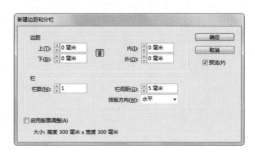

图3-107

（2）选择"矩形"工具，在页面中绘制一个矩形，填充图形为黑色，设置描边色为无，效果如图3-108所示。选择"椭圆"工具，在页面外绘制一个椭圆形，如图3-109所示。

图3-108 　　　　　图3-109

（3）选择"直接选择"工具，选取右侧的锚点，出现控制线，如图3-110所示，按住<Shift>键的同时，向上拖曳下方的控制线到适当的位置，如图3-111所示。使用相同的方法调节其他锚点的控制线，如图3-112所示。

图3-110 　　　图3-111 　　　图3-112

（4）选择"对象 > 变换 > 缩放"命令，在弹出的"缩放"对话框中进行设置，如图3-113所示。单击"复制"按钮，复制并缩小图形，效果如图3-114所示。

图3-113　　　　　　　　　　图3-114

（5）选择"钢笔"工具 📝 ，在适当的位置绘制一个闭合路径，如图3-115所示。选择"选择"工具 ▶ ，按住<Alt>+<Shift>组合键的同时，水平向右拖曳图形到适当的位置，复制图形，效果如图3-116所示。单击"控制"面板中的"水平翻转"按钮 🔄 ，水平翻转图形，效果如图3-117所示。

图3-115　　　　　　图3-116　　　　　　图3-117

（6）选择"椭圆"工具 ⬭ ，按住<Shift>键的同时，在适当的位置绘制一个圆形，如图3-118所示。选择"矩形"工具 ⬜ ，在适当的位置绘制一个矩形，如图3-119所示。

图3-118　　　　　　　　图3-119

（7）在"控制"面板中将"旋转角度" ⬠ 0° 选项设为7°，按<Enter>键，效果如图3-120所示。选择"选择"工具 ▶ ，选取上方的圆形，按住<Alt>键的同时，向下拖曳圆形到适当的位置，复制圆形，效果如图3-121所示。使用相同的方法绘制其他图形，效果如图3-122所示。

图3-120　　图3-121　　　图3-122

（8）选择"选择"工具 ▶ ，按住<Shift>键

的同时，依次单击选取需要的图形，如图3-123所示，选择"窗口 > 对象和版面 > 路径查找器"命令，弹出"路径查找器"面板，单击"减去"按钮 🔲 ，如图3-124所示，生成新对象，效果如图3-125所示。

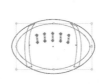
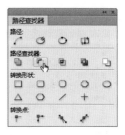

图3-123　　　　　　　　　图3-124

图3-125

（9）选择"钢笔"工具 📝 ，在适当的位置绘制一条路径，如图3-126所示。在"控制"面板中将"描边粗细" 📊 0.283 选项设为9点，按<Enter>键，效果如图3-127所示。

图3-126　　　　　　　　图3-127

（10）选择"钢笔"工具 📝 ，在适当的位置分别绘制闭合路径，如图3-128所示。选择"选择"工具 ▶ ，按住<Shift>键的同时，依次单击选取需要的闭合路径，如图3-129所示。

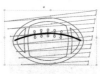

图3-128　　　　　　　　图3-129

（11）选择"路径查找器"面板，单击"相加"按钮 🔲 ，如图3-130所示，生成新对象，效果如图3-131所示。

（12）选择"选择"工具 ▶ ，按住<Shift>键

的同时，单击下方的椭圆形将其同时选取，如图3-132所示。选择"路径查找器"面板，单击"减去后方对象"按钮，如图3-133所示，生成新对象，效果如图3-134所示。设置图形填充色的CMYK值为0、100、100、0，填充图形，设置描边色为无，效果如图3-135所示。

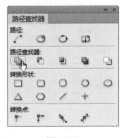

图3-130

图3-131

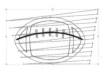

图3-132

图3-133

图3-134

图3-135

（13）选择"选择"工具，用圈选的方法将所绘制的图形同时选取，并将其拖曳到页面中适当的位置，如图3-136所示。选取橄榄球图形，填充图形为白色，设置描边色为无，效果如图3-137所示。

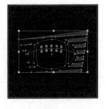

图3-136

图3-137

（14）选择"文字"工具，在适当的位置拖曳

一个文本框，输入需要的文字。将输入的文字选取，在"控制"面板中选择合适的字体并设置文字大小，最终效果如图3-138所示。橄榄球图标绘制完成。

图3-138

3.2.2 复合形状

1. 添加

添加是将多个图形结合成一个图形，新的图形轮廓由被添加图形的边界组成，被添加图形的交叉线都将消失。

选择"选择"工具，选取需要的图形对象，如图3-139所示。选择"窗口 > 对象和版面 > 路径查找器"命令，弹出"路径查找器"面板，单击"相加"按钮，如图3-140所示，将两个图形相加。相加后图形对象的边框和颜色与最前方的图形对象相同，效果如图3-141所示。

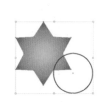

图3-139

图3-140

图3-141

选择"选择"工具，选取需要的图形对象。选择"对象 > 路径查找器 > 添加"命令，也可以将两个图形相加。

2. 减去

减去是从最底层的对象中减去最顶层的对象，被减后的对象保留其填充和描边属性。

选择"选择"工具 ，选取需要的图形对象，如图3-142所示。选择"窗口 > 对象和版面 > 路径查找器"命令，弹出"路径查找器"面板，单击"减去"按钮 ，如图3-143所示，将两个图形相减。相减后的对象保持底层对象的属性，效果如图3-144所示。

图3-142　　　　　　图3-143

图3-144

选择"选择"工具 ，选取需要的图形对象。选择"对象 > 路径查找器 > 减去"命令，也可以将两个图形相减。

3. 交叉

交叉是将两个或两个以上对象的相交部分保留，使相交的部分成为一个新的图形对象。

选择"选择"工具 ，选取需要的图形对象，如图3-145所示。选择"窗口 > 对象和版面 > 路径查找器"命令，弹出"路径查找器"面板，单击"交叉"按钮 ，如图3-146所示，将两个图形相交。相交后的对象保持顶层对象的属性，效果如图3-147所示。

选择"选择"工具 ，选取需要的图形对象。选择"对象 > 路径查找器 > 交叉"命令，也可以将两个图形相交。

　　　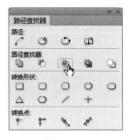

图3-145　　　　　　图3-146

图3-147

4. 排除重叠

排除重叠是减去前后图形的重叠部分，以不重叠的部分创建图形。

选择"选择"工具 ，选取需要的图形对象，如图3-148所示。选择"窗口 > 对象和版面 > 路径查找器"命令，弹出"路径查找器"面板，单击"排除重叠"按钮 ，如图3-149所示，将两个图形重叠的部分减去。生成的新对象保持最前方图形对象的属性，效果如图3-150所示。

图3-148　　　　　　图3-149

图3-150

选择"选择"工具 ，选取需要的图形对象。选择"对象 > 路径查找器 > 排除重叠"命令，也可将两个图形重叠的部分减去。

5. 减去后方对象

减去后方对象是减去后面图形，并减去前后图形的重叠部分，保留前面图形的剩余部分。

选择"选择"工具 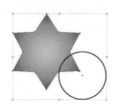，选取需要的图形对象，如图3-151所示。选择"窗口 > 对象和版面 > 路径查找器"命令，弹出"路径查找器"面板，单击"减去后方对象"按钮 ，如图3-152所示，将后方的图形对象减去。生成的新对象保持最前方图形对象的属性，效果如图3-153所示。

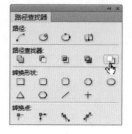

图3-151 图3-152

选择"选择"工具 ，选取需要的图形对象。选择"对象 > 路径查找器 > 减去后方对象"命令，也可将后方的图形对象减去。

图3-153

课堂练习——绘制卡通汽车

【练习知识要点】使用矩形工具和渐变色板工具绘制渐变背景；使用钢笔工具和相减命令制作卡通汽车；使用文字工具输入需要的文字，效果如图3-154所示。

【效果所在位置】Ch03/效果/绘制卡通汽车.indd。

图3-154

课后习题——绘制海滨插画

【习题知识要点】使用椭圆工具、矩形工具、减去命令和贴入内部命令制作海水和天空；使用椭圆工具、矩形工具和减去命令制作云图形；使用矩形工具、删除锚点工具和直接选择工具制作帆船，效果如图3-155所示。

【素材所在位置】Ch03/素材/绘制海滨插画/01。

【效果所在位置】Ch03/效果/绘制海滨插画.indd。

图3-155

第 *4* 章

编辑描边与填充

本章介绍

　　本章详细讲解InDesign CS6中编辑图形描边和填充图形颜色的方法，并对"效果"面板进行重点介绍。通过学习本章的内容，读者可以制作出不同的图形描边和填充效果，还可以根据设计制作需要添加混合模式和特殊效果。

学习目标

◆ 熟练掌握编辑填充与描边的方法。

◆ 掌握"效果"面板的使用技巧。

技能目标

◆ 掌握"春天插画"的绘制方法。

◆ 掌握"房地产名片"的制作方法。

4.1 编辑填充与描边

InDesign CS6中提供了丰富的描边和填充设置，可以用它们制作出精美的效果。下面具体介绍编辑图形填充与描边的方法和技巧。

4.1.1 课堂案例——绘制春天插画

【案例学习目标】学习使用渐变色板为图形填充渐变色。

【案例知识要点】使用钢笔工具、渐变面板和翻转命令绘制河水；使用钢笔工具、椭圆工具、直线工具和填充工具绘制手、山、树；使用椭圆工具、钢笔工具、直线工具和旋转工具绘制小鸟、云，效果如图4-1所示。

【效果所在位置】Ch04/效果/绘制春天插画.indd。

图4-1

1. 绘制河水

（1）选择"文件 > 新建 > 文档"命令，弹出"新建文档"对话框，设置如图4-2所示。单击"边距和分栏"按钮，弹出"新建边距和分栏"对话框，设置如图4-3所示，单击"确定"按钮，新建一个页面。选择"视图 > 其他 > 隐藏框架边缘"命令，将所绘制图形的框架边缘隐藏。

（2）选择"钢笔"工具，在页面底部绘制闭合路径，如图4-4所示。双击"渐变色板"工具，弹出"渐变"面板，在"类型"选项中选择"线性"，在色带上选中左侧的渐变色标，设

置CMYK的值为0、0、0、0，选中右侧的渐变色标，设置CMYK的值为100、0、0、0，如图4-5所示。填充渐变色，设置描边色为无，效果如图4-6所示。

图4-2

图4-3

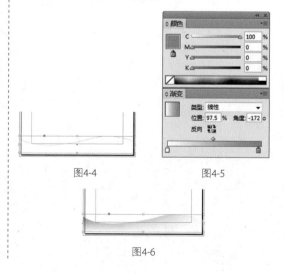

图4-4   图4-5

图4-6

（3）选择"选择"工具 ，按住<Alt>+<Shift>组合键的同时，垂直向下拖曳图形到适当的位置，复制图形。单击"控制"面板中的"水平翻转"按钮 ，水平翻转图形，效果如图4-7所示。

图4-7

（4）选择"选择"工具 ，按住<Alt>+<Shift>组合键的同时，垂直向下拖曳图形到适当的位置，复制图形。选择"渐变"面板，选中右侧的渐变色标，将"位置"选项设为100%，其他选项的设置如图4-8所示，填充渐变色，效果如图4-9所示。

图4-8　　　　　　图4-9

（5）选择"钢笔"工具 ，在页面中绘制路径，如图4-10所示。设置描边色的CMYK值为75、0、0、0，填充描边，在"控制"面板中将"描边粗细" 选项设为1点，按<Enter>键，效果如图4-11所示。

图4-10　　　　　　图4-11

（6）选择"选择"工具 ，选取图形，按<Ctrl>+<C>组合键复制图形。选择"编辑 > 原位粘贴"命令，原位粘贴图形。单击"控制"面板中的"水平翻转"按钮 ，水平翻转图形，效果如图4-12所示。再单击"垂直翻转"按钮 ，垂直翻转图形，并将其拖曳到适当的位置，效果如图4-13所示。

图4-12　　　　　　图4-13

2. 绘制手

（1）选择"钢笔"工具 ，在页面中绘制闭合路径，如图4-14所示。设置图形填充色的CMYK值为0、43、48、3，填充图形，设置描边色为无，效果如图4-15所示。

图4-14　　　　　　图4-15

（2）选择"钢笔"工具 ，在页面中绘制闭合路径，设置图形填充色的CMYK值为0、53、59、3，填充图形，设置描边色为无，效果如图4-16所示。用相同的方法绘制其他图形，效果如图4-17所示。

图4-16　　　　　　图4-17

（3）选择"选择"工具 ，按住<Shift>键的同时，依次选取图形，按<Ctrl>+<G>组合键将其编组，如图4-18所示。

图4-18

3. 绘制山

（1）选择"钢笔"工具 ，在页面中绘制闭合路径。设置图形填充色的CMYK值为53、0、41、0，填充图形，设置描边色为无，效果如图4-19所示。选择"选择"工具 ，按<Alt>+<Shift>组合键的同时，向右拖曳图形到适当的位置，复制图形并调整其大小，效果如图4-20所示。

图4-19　　　　　　　　　图4-20

（2）选择"选择"工具 ，按住<Shift>键的同时，依次选取图形，按<Ctrl>+<G>组合键将选取的图形编组，效果如图4-21所示。按<Ctrl>+<[>组合键将编组的图形后移一层，效果如图4-22所示。

图4-21　　　　　　　　　图4-22

（3）选择"钢笔"工具 ，在适当的位置分别绘制闭合路径。选择"选择"工具 ，按住<Shift>键的同时，将所绘制的图形同时选取，设置图形填充色的CMYK值为75、0、0、0，填充图形，设置描边色为无，效果如图4-23所示。选择"椭圆"工具 ，在适当的位置绘制椭圆形，效果如图4-24所示。

图4-23　　　　　　　　　图4-24

（4）设置图形填充色的CMYK值为0、0、65、0，填充图形，设置描边色为无，调整其顺序，效果如图4-25所示。用相同的方法再绘制一个椭圆形，设置图形填充色的CMYK值为0、39、76、3，填充图形，设置描边色为无，调整其顺序，效果如图4-26所示。

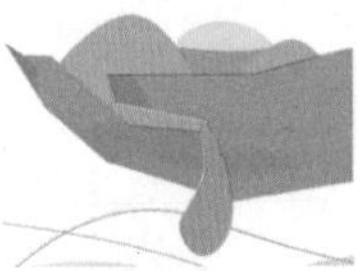

图4-25　　　　　　　　　图4-26

4．绘制树

（1）选择"钢笔"工具 ，在页面中绘制闭合路径，设置图形填充色的CMYK值为0、63、100、60，填充图形，设置描边色为无，调整其顺序，效果如图4-27所示。

（2）选择"椭圆"工具 ，在适当的位置绘制椭圆形，设置图形填充色的CMYK值为0、30、15、0，填充图形，设置描边色为无，效果如图4-28所示。

图4-27 　　　　　　　　　图4-28

（3）用相同的方法绘制其他图形。选择"选择"工具 ，按住<Shift>键的同时，依次选取图形，按<Ctrl>+<G>组合键将选取的图形编组，并调整其顺序，效果如图4-29所示。

（4）选择"椭圆"工具 ，在适当的位置分别绘制椭圆形，选择"选择"工具 ，按住<Shift>键的同时将所绘制的图形同时选取，设置图形填充色的CMYK值为0、69、35、0，填充图形，设置描边色为无，调整其顺序，效果如图4-30所示。

图4-29 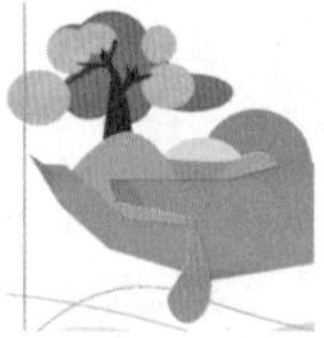　　　　　　　　　图4-30

（5）选择"钢笔"工具 ，在页面中绘制闭合路径，设置图形填充色的CMYK值为75、0、53、0，填充图形，设置描边色为无，效果如图4-31所示。用相同的方法绘制其他图形，填充图形为白色，设置描边色为无，效果如图4-32所示。

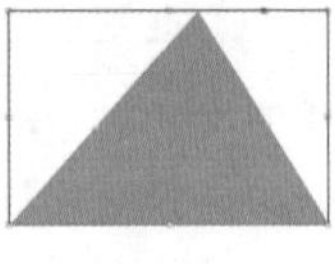

图4-31　　　　　　　　　图4-32

（6）选择"选择"工具，按住<Shift>键的同时，依次选取图形，按<Ctrl>+<G>组合键将选取的图形编组。拖曳编组图形到适当的位置，并调整其顺序，效果如图4-33所示。

图4-33

（7）选择"钢笔"工具，在页面外绘制闭合路径，设置图形填充色的CMYK值为53、0、41、0，填充图形，设置描边色为无，效果如图4-34所示。选择"直线"工具，在适当的位置绘制一条斜线，如图4-35所示。

图4-34　　　　　　　　图4-35

（8）设置描边色为白色，在"控制"面板中将"描边粗细" 0.283 选项设为5，按<Enter>键，效果如图4-36所示。选择"选择"工具，按住<Alt>+<Shift>组合键的同时，垂直向下拖曳斜线到适当的位置，复制斜线，如图4-37所示。用相同的方法绘制其他斜线，并设置适当的描边粗细，效果如图4-38所示。

图4-36　　　　图4-37　　　　图4-38

（9）选择"钢笔"工具，在页面中绘制闭合路径，设置图形填充色的CMYK值为76、0、40、25，填充图形，设置描边色为无，效果如图4-39所示。选择"选择"工具，用圈选的方法将

所绘制的图形同时选取，并将其拖曳到页面中适当的位置，调整其顺序，效果如图4-40所示。

图4-39　　　　　　　　图4-40

（10）选择"选择"工具，按住<Alt>+<Shift>组合键的同时，向左拖曳图形到适当的位置，复制图形，并调整其大小，效果如图4-41所示。

图4-41

5．绘制小鸟

（1）选择"椭圆"工具，按住<Shift>键的同时，在页面外绘制圆形，如图4-42所示。选择"钢笔"工具，在适当的位置绘制闭合路径，如图4-43所示。选择"选择"工具，按住<Shift>键的同时，依次选取图形，按<Ctrl>+<G>组合键将其编组。设置图形填充色的CMYK值为0、69、35、0，填充图形，设置描边色为无，效果如图4-44所示。

图4-42　　　　图4-43　　　　图4-44

（2）双击"缩放"工具 ，弹出"缩放"对话框，选项的设置如图4-45所示，单击"复制"按钮。填充图形为白色，选择"选择"工具 ，将其拖曳到适当的位置，效果如图4-46所示。

图4-45　　　　　　　图4-46

（3）选择"椭圆"工具 ，按住<Shift>键的同时，在适当的位置绘制圆形，填充图形为白色，设置描边色为无，效果如图4-47所示。选择"选择"工具 ，按<Ctrl>+<C>组合键复制图形。按<Ctrl>+<V>组合键粘贴图形，将图形拖曳到适当的位置，并调整其大小，效果如图4-48所示。

图4-47　　　　　　　图4-48

（4）选择"钢笔"工具 ，在适当的位置绘制闭合路径，填充图形为黑色，设置描边色为无，效果如图4-49所示。选择"选择"工具 ，选择"对象 > 排列 > 置于底层"命令，将图形置于底层，效果如图4-50所示。

图4-49　　　　　　　图4-50

（5）选择"直线"工具 ，按住<Shift>键的同时，在适当的位置绘制竖线。选择"选择"工具 ，在"控制"面板中将"描边粗细" 选项设为1点，按<Enter>键，效果如图4-51所示。按住<Alt>+<Shift>组合键的同时，水

平向右拖曳竖线到适当的位置，复制竖线，如图4-52所示。

图4-51　　　　　　　图4-52

（6）选择"钢笔"工具 ，在适当的位置绘制闭合路径，设置图形填充色的CMYK值为0、69、35、0，填充图形，设置描边色为无，效果如图4-53所示。选择"旋转"工具 ，按住<Alt>键的同时，将旋转中心点拖曳到适当的位置，如图4-54所示，同时弹出"旋转"对话框，选项的设置如图4-55所示。单击"复制"按钮，效果如图4-56所示。

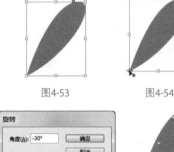

图4-53　　　　　　　图4-54

图4-55　　　　　　　图4-56

（7）设置图形填充色的CMYK值为0、100、0、0，填充图形，效果如图4-57所示。按<Ctrl>+<Alt>+<4>组合键，再次复制图形，如图4-58所示。设置图形填充色的CMYK值为75、0、0、0，填充图形，效果如图4-59所示。

图4-57　　　　　图4-58　　　　　图4-59

（8）选择"选择"工具 ，按住<Shift>键的同时，依次选取图形，按<Ctrl>+<G>组合键将其编组，并拖曳编组图形到适当的位置，如图4-60所示。用圈选的方法将所绘制的图形同时选取，并将其拖曳到页面中的适当位置，效果如图4-61所示。

图4-66

6. 绘制云

（1）选择"钢笔"工具 ，在页面中绘制闭合路径，如图4-67所示。选择"渐变"面板，在色带上选中左侧的渐变色标，设置CMYK的值为0、0、0、0，选中右侧的渐变色标，设置CMYK的值为100、0、0、0，其他选项的设置如图4-68所示。填充渐变色，设置描边色为无，效果如图4-69所示。

图4-60　　　　　　　图4-61

（9）按住<Alt>+<Shift>组合键的同时，水平向左拖曳图形到适当的位置，复制图形，如图4-62所示。单击"控制"面板中的"水平翻转"按钮 ，水平翻转图形，如图4-63所示。

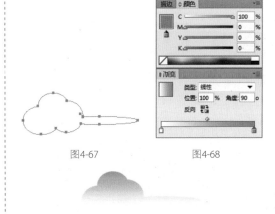

图4-67　　　　　　　图4-68

图4-62　　　　　　　图4-63

（10）选择"直接选择"工具 ，按住<Shift>键的同时，依次选取图形，如图4-64所示。设置图形填充色的CMYK值为75、0、0、0，填充图形，在页面空白处单击，取消图形选取，效果如图4-65所示。选择"选择"工具 ，拖曳右上角的控制点将其旋转到适当的角度，效果如图4-66所示。

图4-69

（2）选择"选择"工具 ，选取图形，按住<Alt>+<Shift>组合键的同时拖曳图形到适当的位置，复制图形，如图4-70所示。按<Ctrl>+<Alt>+<4>组合键，再次复制图形，单击"控制"面板中的"水平翻转"按钮 ，水平翻转图形，并将其拖曳到适当的位置，效果如图4-71所示。春天插画绘制完成，最终效果如图4-72所示。

图4-64　　　　　　　图4-65

图4-70　　　　　　　图4-71

图4-72

4.1.2 编辑描边

描边是指一个图形对象的边缘或路径。在系统默认的状态下，InDesign CS6中绘制出的图形基本上已画出了细细的黑色描边。通过调整描边的宽度，可以绘制出不同宽度的描边线，如图4-73所示。还可以将描边设置为无。

应用工具箱下方的"描边"按钮如图4-74所示，可以指定所选对象的描边颜色。单击"互换填色和描边"按钮↪或按X键，可以切换填充显示框和描边显示框的位置。

图4-73

——描边

图4-74

工具箱下方有3个按钮，分别是"应用颜色"按钮■、"应用渐变"按钮▢和"应用无"按钮☑。

1. 设置描边的粗细

选择"选择"工具▶，选取需要的图形，如图4-75所示。在"控制"面板中的"描边粗细"选项 ⬍ 0.283点 ▾ 文本框中输入需要的数值，如图4-76所示。按<Enter>键确认操作，效果如图4-77所示。

图4-75

图4-76

图4-77

选择"选择"工具▶，选取需要的图形，如图4-78所示。选择"窗口 > 描边"命令，或按<F10>键，弹出"描边"面板，在"粗细"选项的下拉列表中选择需要的笔画宽度值，或者直接输入合适的数值。本例宽度数值设置为3点，如图4-79所示，图形的笔画宽度被改变，效果如图4-80所示。

图4-78

图4-79

图4-80

2. 设置描边的填充

保持图形被选取的状态，如图4-81所示。选择"窗口 > 颜色 > 色板"命令，弹出"色板"面板，单击"描边"按钮，如图4-82所示。单击面板右上方的▾≣图标，在弹出的菜单中选择"新建颜色色板"命令，弹出"新建颜色色板"对话框，设置如图4-83所示。单击"确定"按钮，对象笔画的填充效果如图4-84所示。

图4-81

图4-82

图4-83

图4-84

保持图形被选取的状态，如图4-85所示。选择"窗口 > 颜色 > 颜色"命令，弹出"颜色"面板，如图4-86所示。或双击工具箱下方的"描边"按钮，弹出"拾色器"对话框，如图4-87所示。在对话框中可以调配所需的颜色，单击"确定"按钮，对象笔画的颜色填充效果如图4-88所示。

图4-85　　　　　　　　图4-86

图4-87

图4-88

保持图形被选取的状态，如图4-89所示。选择"窗口 > 颜色 > 渐变"命令，在弹出的"渐变"面板中可以调配所需的渐变色，如图4-90所示，图形的描边渐变效果如图4-91所示。

图4-89　　　　　　图4-90　　　　　　图4-91

3. 使用描边面板

选择"窗口 > 描边"命令，或按<F10>键，弹出"描边"面板，如图4-92所示。"描边"面板主要用来设置对象笔画的属性，如粗细、形状等。

在"描边"面板中，"斜接限制"选项可以设置笔画沿路径改变方向时的伸展长度。可以在其下拉列表中选择所需的数值，也可以在数值框中直接输入合适的数值。将"斜接限制"选项设置为"2"和"20"时的对象笔画效果分别如图4-93和图4-94所示。

图4-92

图4-93　　　　　　图4-94

在"描边"面板中，末端是指一段笔画的首端和尾端，可以为笔画的首端和尾端选择不同的顶点样式来改变笔画末端的形状。使用"钢笔"工具 绘制一段笔画，单击"描边"面板中的3个不同顶点样式的按钮 ，选定的顶点样式会应用到选定的笔画中，如图4-95所示。

平头端点　　　　圆头端点　　　　投射末端

图4-95

结合是指一段笔画的拐点，结合样式就是指笔画拐角处的形状。该选项有斜接连接、圆角连接和斜面连接3种不同的转角结合样式。绘制多边形的笔画，单击"描边"面板中的3个不同转角结合样式按钮 ，选定的转角结合样式会应用到选定的笔画中，如图4-96所示。

斜接连接   圆角连接   斜面连接

图4-96

在"描边"面板中，对齐描边是指在路径的内部、中间和外部设置描边，包括"描边对齐中心"、"描边居内"和"描边居外"3种样式。选定这3种样式应用到选定的笔画中，如图4-97所示。

描边对齐中心   描边居内   描边居外

图4-97

在"描边"面板中，在"类型"选项的下拉菜单中可以选择不同的描边类型，如图4-98所示。在"起点"和"终点"选项的下拉菜单中可以选择线段的首端和尾端的形状样式，如图4-99所示。

图4-98

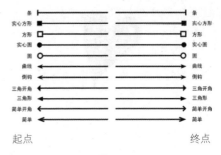

起点   终点

图4-99

在"描边"面板中，间隙颜色是设置除实线以外其他线段类型间隙之间的颜色，如图4-100所示。间隙颜色的多少由"色板"面板中的颜色决定。间隙色调是设置所填充间隙颜色的饱和度，如图4-101所示。

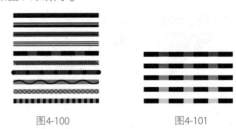

图4-100   图4-101

在"描边"面板中，在"类型"选项的下拉菜单中选择"虚线"，"描边"面板下方会自动弹出虚线选项，可以创建描边的虚线效果。虚线选项中包括6个文本框，第1个文本框默认的虚线值为12点，如图4-102所示。

图4-102

"虚线"选项用来设置每一虚线段的长度。数值框中输入的数值越大，虚线的长度就越长；反之，输入的数值越小，虚线的长度就越短。

"间隔"选项用来设置虚线段之间的距离。输入的数值越大，虚线段之间的距离越大；反之，输入的数值越小，虚线段之间的距离就越小。

"角点"选项用来设置虚线中拐点的调整方法，其中包括无、调整线段、调整间隙、调整线段和间隙4种调整方法。

4.1.3 标准填充

应用工具箱中的"填色"按钮可以指定所选对象的填充颜色。

1. 使用工具箱填充

选择"选择"工具，选取需要填充的图形，如图4-103所示。双击工具箱下方的"填充"按钮，弹出"拾色器"对话框，调配所需的颜色，如图4-104所示。单击"确定"按钮，取消图形的描边色，对象的颜色填充效果如图4-105所示。

图4-103

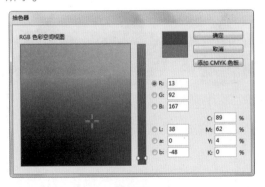

图4-104

图4-105

在"填充"按钮上按住鼠标左键将颜色拖曳到需要填充的路径或图形上，也可填充图形。

2. 使用"颜色"面板填充

InDesign CS6也可以通过"颜色"面板设置对象的填充颜色，单击"颜色"面板右上方的图标，在弹出的菜单中选择当前取色时使用的颜色模式。无论选择哪一种颜色模式，面板中都将显示出相关的颜色内容，如图4-106所示。

选择"窗口 > 颜色 > 颜色"命令，弹出"颜色"面板。"颜色"面板上的按钮用来进行填充颜色和描边颜色之间的互相切换，操作方法与工具面板中的按钮的使用方法相同。

将光标移动到取色区域，光标变为吸管形状，单击可以选取颜色，如图4-107所示。拖曳各个颜色滑块或在各个数值框中输入有效的数值，可以调配出更精确的颜色。

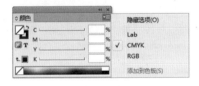

图4-106

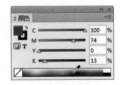

图4-107

更改或设置对象的颜色时，单击选取已有的对象，在"颜色"面板中调配出新颜色，如图4-108所示。新选的颜色被应用到当前选定的对象中，效果如图4-109所示。

图4-108 图4-109

3. 使用"色板"面板填充

选择"窗口 > 颜色 > 色板"命令，弹出"色板"面板,如图4-110所示。在"色板"面板中单击需要的颜色,可以选中并填充选取的图形。

选择"选择"工具 ，选取需要填充的图形,如图4-111所示。选择"窗口 > 颜色 > 色板"命令,弹出"色板"面板。单击面板右上方的图标 ，在弹出的菜单中选择"新建颜色色板"命令,弹出"新建颜色色板"对话框,设置如图4-112所示。单击"确定"按钮,对象的填充效果如图4-113所示。

图4-110   图4-111

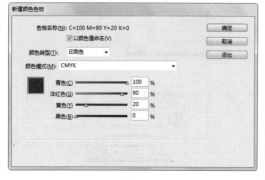

图4-112

图4-113

在"色板"面板中单击并拖曳需要的颜色到要填充的路径或图形上,松开鼠标,也可以填充图形或描边。

4.1.4 渐变填充

1. 创建渐变填充

选取需要的图形,如图4-114所示。选择"渐变色板"工具 ，在图形中需要的位置单击设置渐变的起点并按住鼠标左键拖动,再次单击确定渐变的终点,如图4-115所示。松开鼠标,渐变填充的效果如图4-116所示。

图4-114   图4-115   图4-116

选取需要的图形,如图4-117所示。选择"渐变羽化"工具 ，在图形中需要的位置单击设置渐变的起点并按住鼠标左键拖曳,再次单击确定渐变的终点,如图4-118所示,渐变羽化的效果如图4-119所示。

图4-117   图4-118   图4-119

2. "渐变"面板

在"渐变"面板中可以设置渐变参数,可选择"线性"渐变或"径向"渐变,设置渐变的起始、中间和终止颜色,还可以设置渐变的位置和角度。

选择"窗口 > 颜色 > 渐变"命令,弹出"渐变"面板,如图4-120所示。从"类型"选项的下拉列表中可以选择"线性"或"径向"渐变方式,如图4-121所示。

图4-120   图4-121

"角度"选项的文本框中显示当前的渐变角度，如图4-122所示。重新输入数值，如图4-123所示，按<Enter>键确认操作，可以改变渐变的角度，效果如图4-124所示。

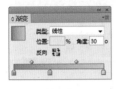
图4-122

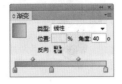
图4-123

图4-124

单击"渐变"面板下面的颜色滑块，"位置"选项的文本框中显示该滑块在渐变颜色中的颜色位置百分比，如图4-125所示。拖曳该滑块，改变该颜色的位置，将改变颜色的渐变梯度，如图4-126所示。

图4-125

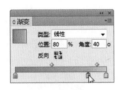
图4-126

单击"渐变"面板中的"反向渐变"按钮，可将色谱条中的渐变反转，如图4-127所示。

在渐变色谱条的底边单击，可以添加一个颜色滑块，如图4-128所示。在"颜色"面板中调配颜色，如图4-129所示，可以改变添加滑块的颜色，如图4-130所示。用鼠标左键按住颜色滑块不放并将其拖出到"渐变"面板外，可以直接删除颜色滑块。

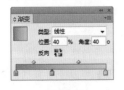
原面板

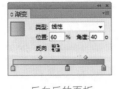
反向后的面板

图4-127

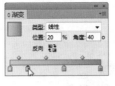
图4-128

图4-129

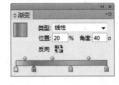
图4-130

3. 渐变填充的样式

⊙ 线性渐变填充

选择需要的图形，如图4-131所示。双击"渐变色板"工具■或选择"窗口 > 颜色 > 渐变"命令，弹出"渐变"面板。"渐变"面板的色谱条中显示程序默认的白色到黑色的线性渐变样式，如图4-132所示。在"渐变"面板"类型"选项的下拉列表中选择"线性"渐变，如图4-133所示，图形将被线性渐变填充，效果如图4-134所示。

图4-131

图4-132

图4-133

图4-134

单击"渐变"面板中的起始颜色滑块，如图4-135所示，然后在"颜色"面板中调配所需的颜色，设置渐变的起始颜色。再单击终止颜色滑块，如图4-136所示，设置渐变的终止颜色，效果如图4-137所示，图形的线性渐变填充效果如图4-138所示。

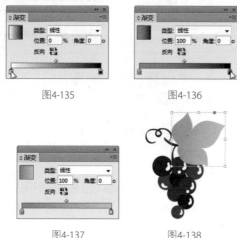

图4-135　　　　　　　图4-136

图4-137　　　　　　　图4-138

拖曳色谱条上边的控制滑块，可以改变颜色的渐变位置，如图4-139所示，这时"位置"选项文本框中的数值也会随之发生变化。设置"位置"选项文本框中的数值也可以改变颜色的渐变位置，图形的线性渐变填充效果也将被改变，如图4-140所示。

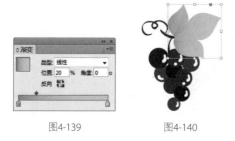

图4-139　　　　　　　图4-140

如果要改变颜色渐变的方向，选择"渐变色板"工具■直接在图形中拖曳即可。当需要精确地改变渐变方向时，可通过"渐变"面板中的"角度"选项来控制图形的渐变方向。

⊙ 径向渐变填充

选择绘制好的图形，如图4-141所示。双击"渐变色板"工具■或选择"窗口 > 颜色 > 渐变"命令，弹出"渐变"面板。"渐变"面板的色谱条中显示程序默认的从白色到黑色的线性渐变样式，如图4-142所示。

在"渐变"面板"类型"选项的下拉列表中

选择"径向"渐变类型，如图4-143所示，图形将被径向渐变填充，效果如图4-144所示。

图4-141　　　　　　　图4-142

图4-143　　　　　　　图4-144

单击"渐变"面板中的起始颜色滑块🏠或终止颜色滑块🏠，然后在"颜色"面板中调配颜色，可改变图形的渐变颜色，效果如图4-145所示。拖曳色谱条上边的控制滑块，可以改变颜色的中心渐变位置，效果如图4-146所示。使用"渐变色板"工具■进行拖曳，可改变径向渐变的中心位置，效果如图4-147所示。

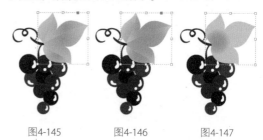

图4-145　　　　　图4-146　　　　　图4-147

4.1.5　"色板"面板

选择"窗口 > 颜色 > 色板"命令，弹出"色板"面板，如图4-148所示。"色板"面板提供了多种颜色，并且允许添加和存储自定义的色板。单击"显示全部色板"按钮■可以使所有的色板显示出来；"显示颜色色板"按钮■仅显示颜色色板；"显示渐变色板"按钮■仅显示渐变色板；"新建色板"按钮用于定义和新建一个新的色板；"删除色板"按钮 可以将选定的色板从"色板"面板中删除。

图4-148

1. 添加色板

⊙ 通过色板面板添加色板

选择"窗口 > 颜色 > 色板"命令，弹出"色板"面板，单击面板右上方的 图标，在弹出的菜单中选择"新建颜色色板"命令，弹出"新建颜色色板"对话框，如图4-149所示。在"颜色类型"下拉列表中选择新建的颜色是印刷色还是原色。"颜色模式"选项用来定义颜色的模式。拖曳滑块来改变色值，也可以在滑块右侧的文本框中直接输入数值，如图4-150所示。

勾选"以颜色值命名"复选框，添加的色板将以改变的色值命名；若不勾选该选项，可直接在"色板名称"选项的文本框中输入新色板的名称，如图4-151所示。单击"添加"按钮，可以添加色板并定义另一个色板，定义完成后，单击"确定"按钮。选定的颜色会出现在"色板"面板及工具箱的填充框或描边框中。

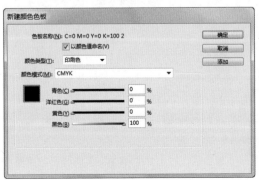

图4-149

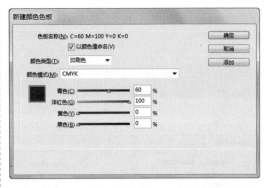

图4-150

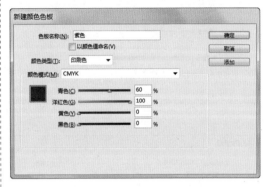

图4-151

选择"窗口 > 颜色 > 色板"命令，弹出"色板"面板，单击面板右上方的 图标，在弹出的菜单中选择"新建渐变色板"命令，弹出"新建渐变色板"对话框，如图4-152所示。

图4-152

在"渐变曲线"的色谱条上单击终止颜色滑块 或起始颜色滑块 ，然后拖曳滑块或在滑块右侧的文本框中直接输入数值改变颜色，即可改变渐变颜色，如图4-153所示。单击色谱条也可以添加颜色滑块，设置颜色，如图4-154所示。在"色板名称"选项的文本框中输入新色板的名称。单击"添加"按钮，可以添加色板并定义另一个色板，定义完成后，单击"确定"按钮。选定的渐变会出现在色板面板及工具箱的填充框或描边框中。

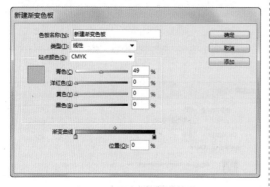

图4-153

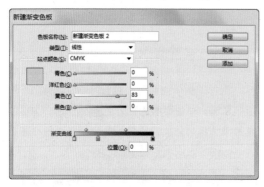

图4-154

⊙ 通过颜色面板添加色板

选择"窗口 > 颜色 > 颜色"命令，弹出"颜色"面板，拖曳各个颜色滑块或在各个数值框中输入需要的数值，如图4-155所示。单击面板右上方的图标，在弹出的菜单中选择"添加到色板"命令，如图4-156所示，在"色板"面板中将自动生成新的色板，如图4-157所示。

图4-155

图4-156

图4-157

2. 复制色板

选取一个色板，如图4-158所示，单击面板右上方的图标，在弹出的菜单中选择"复制色板"命令，"色板"面板中将生成色板的副本，如图4-159所示。

图4-158

图4-159

选取一个色板，单击面板下方的"新建色板" 按钮或拖曳色板到"新建色板"按钮上，均可复制色板。

3. 编辑色板

在"色板"面板中选取一个色板，双击该色板，弹出"色板选项"对话框，在对话框中进行设置，单击"确定"按钮即可编辑色板。

单击面板右上方的图标，在弹出的菜单中选择"色板选项"命令也可以编辑色板。

4. 删除色板

在"色板"面板中选取一个或多个色板，在"色板"面板下方单击"删除色板"按钮或将色板直接拖曳到"删除色板"按钮上，可删除色板。

单击面板右上方的图标，在弹出的菜单中选择"删除色板"命令也可以删除色板。

4.1.6 创建和更改色调

1. 通过色板面板添加新的色调色板

在"色板"面板中选取一个色板，如图4-160所示。在"色板"面板上方拖曳滑块或在"色调"文本框中输入需要的数值，如图4-161所示。单击面板下方的"新建色板"按钮，在面板中生成以基准颜色的名称和色调的百分比为名称的色板，如图4-162所示。

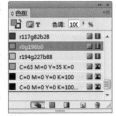

图4-160

图4-161

图4-162

在"色板"面板中选取一个色板，在"色板"面板上方拖曳滑块到适当的位置，单击右上方的图标，在弹出的菜单中选择"新建色调色板"命令也可以添加新的色调色板。

2. 通过颜色面板添加新的色调色板

在"色板"面板中选取一个色板，如图4-163所示，在"颜色"面板中拖曳滑块或在百分比框中输入需要的数值，如图4-164所示。单击面板右上方的图标，在弹出的菜单中选择"添加到色板"命令，如图4-165所示。在"色板"面板中自动生成新的色调色板，如图4-166所示。

图4-163

图4-164

图4-165

图4-166

4.1.7 在对象之间复制属性

使用吸管工具可以将一个图形对象的属性（如描边、颜色和透明属性等）复制到另一个图形对象，可以快速、准确地编辑属性相同的图形对象。

原图形效果如图4-167所示。选择"选择"工具，选取需要的图形，选择"吸管"工具，将光标放在被复制属性的图形上，如图4-168所示。单击吸取图形的属性，选取的图形属性发生改变，效果如图4-169所示。

图4-167   图4-168   图4-169

当使用"吸管"工具吸取对象属性后，按住<Alt>键，吸管会转变方向并显示为空吸管，表示可以去吸新的属性。不松开<Alt>键，单击新的对象，如图4-170所示，吸取新对象的属性。松开鼠标和<Alt>键，效果如图4-171所示。

图4-170   图4-171

4.2 效果面板

在InDesign CS6中，使用"效果"面板可以制作出多种不同的特殊效果。下面具体介绍"效果"面板的使用方法和编辑技巧。

4.2.1 课堂案例——制作房地产名片

【案例学习目标】学习使用绘制图形工具、文字工具和效果面板制作房地产名片。

【案例知识要点】使用矩形工具、效果面板、置入命令和贴入内部命令制作名片底图；使用文字工具添加名片信息；使用矩形工具、直接选择工具、效果面板和文字工具制作标志，效果如图4-172所示。

【效果所在位置】Ch04/效果/制作房地产名片.indd。

图4-172

（1）选择"文件 > 新建 > 文档"命令，弹出"新建文档"对话框，设置如图4-173所示。单击"边距和分栏"按钮，弹出"新建边距和分栏"对话框，设置如图4-174所示，单击"确定"按钮，新建一个页面。选择"视图 > 其他 > 隐藏框架边缘"命令，将所绘制图形的框架边缘隐藏。

新建文档

图4-173

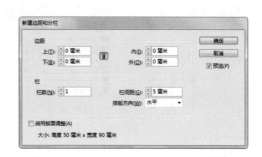

图4-174

（2）选择"矩形"工具，绘制一个与页面大小相等的矩形，设置图形填充色的CMYK值为0、47、100、0，填充图形，设置描边色为无，效果如图4-175所示。按Ctrl>+<C>组合键复制矩形。

（3）选择"窗口 > 效果"命令，弹出"效果"面板，将混合模式选项设置为"饱和度"，其他选项的设置如图4-176所示，按<Enter>键确认操作。

图4-175

图4-176

（4）选择"编辑 > 原位粘贴"命令，原位粘贴矩形。选择"文件 > 置入"命令，弹出"置入"对话框，选择本书学习资源中的"Ch04 > 素材 > 制作房地产名片 > 01"文件，单击"打开"按钮，在页面空白处单击鼠标左键置入图片。选择"自由变换"工具，将图片拖曳到适当的位置并调整其大小，效果如图4-177所示。单击"控制"面板中的"水平翻转"按钮，水平翻转图片，效果如图4-178所示。

图4-177　　　　　　图4-178

（5）保持图片的选取状态。按<Ctrl>+<X>组合键，将图片剪切到剪贴板上。选择"选择"工具，单击下方的橘色矩形，选择"编辑 > 贴入内部"命令，将图片贴入矩形的内部，如图4-179所示。

（6）选择"文字"工具，在适当的位置分别拖曳文本框，输入需要的文字。将输入的文字选取，在"控制"面板中分别选择合适的字体并设置文字大小，效果如图4-180所示。

图4-179　　　　　　图4-180

（7）选择"直线"工具，按住<Shift>键的同时，在适当的位置拖曳鼠标绘制一条竖线，在"控制"面板中将"描边粗细" 0.283 选项设为0.5点，按<Enter>键，效果如图4-181所示。

李天辰|项目经理

图4-181

（8）选择"矩形"工具，在适当的位置绘制一个矩形，设置图形填充色的CMYK值为0、80、100、0，填充图形，设置描边色为无，效果如图4-182所示。在"控制"面板中将"不透明度" 100% 选项设为30%，按<Enter>键，效果如图4-183所示。

图4-182　　　　　　图4-183

（9）选取并复制记事本文档中需要的文字。返回到InDesign页面中，选择"文字"工具，在

适当的位置拖曳一个文本框，将复制的文字粘贴到文本框中，将输入的文字选取，在"控制"面板中选择合适的字体并设置文字大小，填充文字为白色，效果如图4-184所示。在"控制"面板中将"行距" 0点 选项设为11点，按<Enter>键，取消文字的选取状态，效果如图4-185所示。

图4-184　　　　　　图4-185

（10）选择"矩形"工具，在适当的位置绘制一个矩形，设置图形填充色的CMYK值为30、100、100、0，填充图形，设置描边色为无，效果如图4-186所示。选择"直接选择"工具，向下拖曳右上角的锚点到适当的位置，效果如图4-187所示。用相同的方法绘制其他图形并填充相应的颜色，效果如图4-188所示。

图4-186　　图4-187　　图4-188

（11）选择"选择"工具，按住<Shift>键的同时，选取需要的图形，如图4-189所示。选择"效果"面板，将混合模式选项设置为"正片叠底"，其他选项的设置如图4-190所示，按<Enter>键，效果如图4-191所示。

图4-189　　图4-190　　图4-191

（12）选择"文字"工具，在适当的位置分别拖曳文本框，输入需要的文字。将输入的文字

选取，在"控制"面板中分别选择合适的字体并设置文字大小，效果如图4-192所示。选择"选择"工具，用圈选的方法将所绘制的图形和文字同时选取，并将其拖曳到页面中适当的位置，最终效果如图4-193所示。房地产名片制作完成。

图4-192   图4-193

4.2.2 透明度

选择"选择"工具，选取需要的图形对象，如图4-194所示。选择"窗口 > 效果"命令或按<Ctrl>+<Shift>+<F10>组合键，弹出"效果"面板，在"不透明度"选项中拖曳滑块或在百分比框中输入需要的数值，"组：正常"选项的百分比自动显示为设置的数值，如图4-195所示。对象的不透明度效果如图4-196所示。

图4-194   图4-195

图4-196

单击"描边: 正常100%"选项，在"不透明度"选项中拖曳滑块或在百分比框中输入需要的数值，"描边: 正常"选项的百分比自动显示为设置的数值，如图4-197所示，对象描边的不透明度效果如图4-198所示。

单击"填充: 正常100%"选项，在"不透明度"选项中拖曳滑块或在百分比框中输入需要的数值，"填充: 正常"选项的百分比自动显示为设置的数值，如图4-199所示，对象填充的不透明

度效果如图4-200所示。

图4-197   图4-198

图4-199   图4-200

4.2.3 混合模式

使用混合模式选项可以在两个重叠对象间混合颜色，更改上层对象与底层对象间颜色的混合方式。使用混合模式制作出的效果如图4-201所示。

正常   正片叠底   滤色

叠加   柔光   强光

颜色减淡   颜色加深   变暗

图4-201

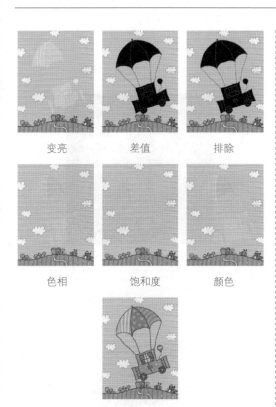

| 变亮 | 差值 | 排除 |
| 色相 | 饱和度 | 颜色 |

亮度

图4-201（续）

4.2.4　特殊效果

　　特殊效果用于向选定的目标添加特殊的对象效果，使图形对象产生变化。单击"效果"面板下方的"向选定的目标添加对象效果"按钮 fx ，在弹出的菜单中选择需要的命令，如图4-202所示。为对象添加不同的效果，如图4-203所示。

图4-202

透明度	投影	内阴影
外发光	内发光	斜面和浮雕
光泽	基本羽化	定向羽化

渐变羽化

图4-203

4.2.5　清除效果

　　选取应用效果的图形，在"效果"面板中单击"清除所有效果并使对象变为不透明"按钮 ，清除对象应用的效果。

　　选择"对象 > 效果"命令或单击"效果"面板右上方的 图标，在弹出的菜单中选择"清除效果"命令，可以清除图形对象的特殊效果，单击"清除全部透明度"命令，可以清除图形对象应用的所有效果。

课堂练习——绘制电话图标

【练习知识要点】使用椭圆工具、渐变色板工具绘制图标；使用投影命令为图标添加投影效果；使用外发光命令为图标添加外发光效果；使用文字工具添加图标文字，效果如图4-204所示。

【效果所在位置】Ch04/效果/绘制电话图标.indd。

图4-204

课后习题——绘制小丑头像

【习题知识要点】使用椭圆工具、路径查找器面板制作小丑头发；使用椭圆工具、渐变色板工具和钢笔工具绘制小丑五官；使用矩形工具、不透明度选项制作反光效果，效果如图4-205所示。

【效果所在位置】Ch04/效果/绘制小丑头像.indd。

图4-205

第 5 章

编辑文本

本章介绍

InDesign CS6具有强大的编辑和处理文本功能。通过学习本章的内容，读者可以了解并掌握应用InDesign CS6处理文本的方法和技巧，为在排版工作中快速处理文本打下良好的基础。

学习目标

◆ 熟练掌握编辑文本及文本框的方法。
◆ 掌握文本效果的使用技巧。

技能目标

◆ 掌握"糕点宣传单"的制作方法。
◆ 掌握"糕点宣传单内页"的制作方法。

5.1 编辑文本及文本框

在InDesign CS6中，所有的文本都位于文本框内，通过编辑文本及文本框可以快捷地进行排版操作。下面详细介绍编辑文本及文本框的方法和技巧。

5.1.1 课堂案例——制作糕点宣传单

【案例学习目标】学习使用文字工具、字符面板编辑文字。

【案例知识要点】使用置入命令置入图片；使用矩形工具、角选项命令制作反向圆角效果；使用文字工具创建文本框并输入需要的文字；使用字符面板编辑文字，效果如图5-1所示。

【效果所在位置】Ch05/效果/制作糕点宣传单.indd。

图5-1

（1）选择"文件 > 新建 > 文档"命令，弹出"新建文档"对话框，设置如图5-2所示。单击"边距和分栏"按钮，弹出"新建边距和分栏"对话框，设置如图5-3所示，单击"确定"按钮，新建一个页面。选择"视图 > 其他 > 隐藏框架边缘"命令，将所绘制图形的框架边缘隐藏。

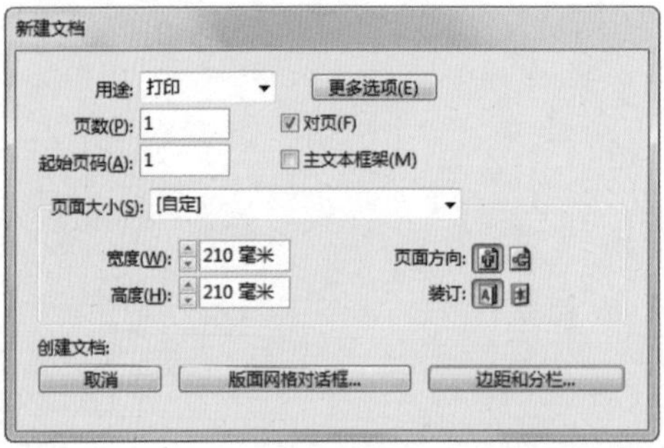

图5-3

（2）选择"文件 > 置入"命令，弹出"置入"对话框，选择本书学习资源中的"Ch05 > 素材 > 制作糕点宣传单 > 01"文件，单击"打开"按钮，在页面空白处单击鼠标左键置入图片。选择"自由变换"工具，将图片拖曳到适当的位置并调整其大小，选择"选择"工具，裁切图片，效果如图5-4所示。

图5-4

（3）选择"矩形"工具，按住<Shift>键的同时，在适当的位置绘制一个正方形，在"控制"面板中将"描边粗细" 0.283点 选项设置为1.5点，按<Enter>键，效果如图5-5所示。设置描边色的CMYK值为0、73、100、46，填充描边，效果如图5-6所示。

图5-5

图5-6

图5-2

（4）保持图形选取状态。选择"对象 > 角选项"命令，在弹出的对话框中进行设置，如图5-7所示。单击"确定"按钮，效果如图5-8所示。

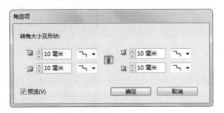

图5-7

图5-8

（5）选择"文字"工具 T，在适当的位置拖曳一个文本框，输入需要的文字并选取文字，在"控制"面板中选择合适的字体和文字大小，效果如图5-9所示。设置文字填充色的CMYK值为0、73、100、46，填充文字，效果如图5-10所示。

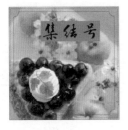

图5-9　　　　　　　　图5-10

（6）按<Ctrl>+<T>组合键，弹出"字符"面板，将"字符间距" 选项设置为-300，其他选项的设置如图5-11所示。按<Enter>键，效果如图5-12所示。

图5-11　　　　　　　图5-12

（7）选择"文字"工具 T，选取文字"结"，如图5-13所示。在"控制"面板中设置适当的文字大小，取消文字选取状态，效果如图5-14所示。

图5-13　　　　　　　图5-14

（8）选择"文字"工具 T，在适当的位置分别拖曳文本框，输入需要的文字并选取文字，在"控制"面板中选择合适的字体和文字大小，效果如图5-15所示。选择"选择"工具 ，按住<Shift>键的同时，将输入的文字同时选取，单击工具箱中的"格式针对文本"按钮 T，设置文字填充色的CMYK值为0、73、100、46，填充文字，效果如图5-16所示。

图5-15　　　　　　　图5-16

（9）选取文字"启航"，如图5-17所示。在"控制"面板中将"字符间距" 选项设置为-220，按<Enter>键，效果如图5-18所示。

图5-17　　　　　　　图5-18

（10）选择"椭圆"工具 ，按住<Shift>键的同时，在适当的位置绘制一个圆形，设置填充色的CMYK值为0、73、100、46，填充图形，设置描边色为无，效果如图5-19所示。

（11）选择"文字"工具 T，在适当的位置拖曳一个文本框，输入需要的文字并选取文字，在"控制"面板中选择合适的字体和文字大小，填充文字为白色，效果如图5-20所示。

图5-19

图5-20

（12）选择"文字"工具 **T**，在适当的位置分别拖曳文本框，输入需要的文字并选取文字，在"控制"面板中选择合适的字体和文字大小。选择"选择"工具 **▶**，按住<Shift>键的同时，将输入的文字同时选取，单击工具箱中的"格式针对文本"按钮 **T**，设置文字填充色的CMYK值为0、73、100、46，填充文字，效果如图5-21所示。糕点宣传单制作完成，最终效果如图5-22所示。

图5-21

图5-22

5.1.2 使用文本框

1. 创建文本框

选择"文字"工具 **T**，在页面中适当的位置单击并按住鼠标左键不放，将其拖曳到适当的位置，如图5-23所示。松开鼠标左键，创建文本框，文本框中会出现插入点光标，如图5-24所示。在拖曳时按住<Shift>键，可以拖曳一个正方形的文本框，如图5-25所示。

图5-23

图5-24

图5-25

2. 移动和缩放文本框

⊙ 移动文本框

选择"选择"工具 **▶**，直接拖曳文本框至需要的位置。

使用"文字"工具 **T**，按住<Ctrl>键的同时，将光标置于已有的文本框上，光标变为选择工具，如图5-26所示。单击并拖曳文本框至适当的位置，如图5-27所示。松开鼠标左键和<Ctrl>键，被移动的文本框处于选取状态，如图5-28所示。

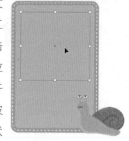
图5-26

图5-27

图5-28

在文本框中编辑文本时，也可按住<Ctrl>键移动文本框。用这个方法移动文本框不用切换工具，也不会丢失当前的文本插入点或选中的文本。

⊙ 缩放文本框

选择"选择"工具 **▶**，选取需要的文本框，拖曳框中的任何控制手柄，可缩放文本框。

选择"文字"工具 **T**，按住<Ctrl>键，将光标置于要缩放的文本上，将自动显示该文本的文本框，如图5-29所示。拖曳文本框中的控制手柄到适当的位置，如图5-30所示，可缩放文本框，效果如图5-31所示。

图5-29

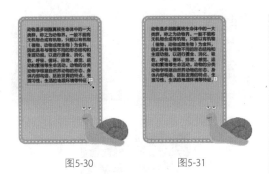

图5-30   图5-31

🔍 **提示**

选择"选择"工具 �，选取需要的文本框，按住<Ctrl>键或选择"缩放"工具 ▣，可缩放文本框及文本框中的文本。

图5-32

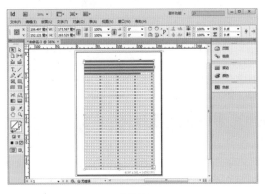

图5-33

5.1.3 添加文本

1. 输入文本

选择"文字"工具 **T**，在页面中适当的位置拖曳鼠标创建文本框，当松开鼠标左键时，文本框中会出现插入点光标，直接输入文本即可。

选择"选择"工具 ▲ 或选择"直接选择"工具 ▲，在已有的文本框内双击，文本框中会出现插入点光标，直接输入文本即可。

2. 粘贴文本

可以从InDesign文档或从其他应用程序中粘贴文本。当从其他程序中粘贴文本时，设置"编辑 > 首选项 > 剪贴板处理"命令弹出的对话框中的选项，决定InDesign是否保留原来的格式，以及是否将用于文本格式的任意样式都添加到段落样式面板中。

3. 置入文本

新建一个文档，选择"文件 > 置入"命令，弹出"置入"对话框，在"查找范围"选项的下拉列表中选择要置入的文件所在的位置并单击文件名，如图5-32所示。单击"打开"按钮，在适当的位置拖曳鼠标置入文本，效果如图5-33所示。

在"置入"对话框中，各复选框的介绍如下。

勾选"显示导入选项"复选框：显示出包含所置入文件类型的导入选项对话框。单击"打开"按钮，弹出"导入选项"对话框，设置需要的选项。单击"确定"按钮，即可置入文本。

勾选"替换所选项目"复选框：置入的文本将替换当前所选文本框的内容。单击"打开"按钮，可置入替换所有项目的文本。

勾选"创建静态题注"复选框：置入图片时会自动生成题注。

勾选"应用网格格式"复选框：置入的文本将自动嵌套在网格中。单击"打开"按钮，可置入嵌套与网格中的文本。

如果没有指定接收文本框，光标会变为载入文本图符 ▤，单击或拖动鼠标可置入文本。

4. 使框架适合文本

选择"选择"工具 ▲，选取需要的文本

框，如图5-34所示。选择"对象 > 适合 > 使框架适合内容"命令，叮以使文本框适合文本，效果如图5-35所示。

图5-34　　　　　　图5-35

如果文本框中有过剩文本，可以使用"使框架适合内容"命令自动扩展文本框的底部来适应文本内容。若文本框是串接的一部分，便不能使用此命令扩展文本框。

5.1.4　串接文本框

文本框中的文字可以独立于其他的文本框，或是在相互连接的文本框中流动。相互连接的文本框可以在同一个页面或跨页，也可以在不同的页面。文本串接是指在文本框之间连接文本的过程。

选择"视图 > 其他 > 显示文本串接"命令，选择"选择"工具，选取任意文本框，显示文本串接，如图5-36所示。

图5-36

1．创建串接文本框

⊙ 在串接中增加新的框

选择"选择"工具，选取需要的文本框，如图5-37所示。单击它的出口调出加载文本图符，在文档中适当的位置拖曳出新的文本框，如图5-38所示。松开鼠标左键，创建串接文本框，过剩的文本自动流入新创建的文本框中，效果如图5-39所示。

图5-37　　　　　　　图5-38

图5-39

⊙ 将现有的框添加到串接中

选择"选择"工具，将鼠标指针置于要创建串接的文本框的出口，如图5-40所示。单击调出加载文本图符，将其置于要连接的文本框之上，加载文本图符变为串接图符，如图5-41所示。单击创建两个文本框间的串接，效果如图5-42所示。

图5-40　　　　　　　图5-41

图5-42

2．取消文本框串接

选择"选择"工具，单击一个与其他框串接的文本框的出口（或入口），如图5-43所示。出现加载文本图符后，将其置于文本框内，使其显示为解除串接图符，如图5-44所示。单击该框，取消文本框之间的串接，效果如图5-45所示。

图5-43

图5-44　　　　　　　　　图5-45

选择"选择"工具 ，选取一个串接文本框，双击该框的出口，可取消文本框之间的串接。

3. 手工或自动排文

在置入文本或是单击文本框的出入口后，光标会变为载入文本图符 ，这时就可以在页面上排文了。当载入文本图符位于辅助线或网格的捕捉点时，黑色的光标变为白色图符 。

⊙ 手工排文

选择"选择"工具 ，单击文本框的出口，光标会变为载入文本图符 ，将其拖曳到适当的位置，如图5-46所示。单击创建一个与栏宽等宽的文本框，文本自动排入框中，效果如图5-47所示。

图5-46　　　　　　　　　图5-47

⊙ 半自动排文

选择"选择"工具 ，单击文本框的出口，如图5-48所示，光标会变为载入文本图符 。按住<Alt>键，光标会变为半自动排文图符 ，将其拖曳到适当的位置，如图5-49所示。单击创建一个与栏宽等宽的文本框，将文本排入框中，如图5-50所示。不松开<Alt>键，重复在适当

的位置单击，可继续置入过剩的文本，效果如图5-51所示。松开<Alt>键后，光标会自动变为载入文本图符 。

图5-48　　　　　　　　　图5-49

图5-50　　　　　　　　　图5-51

⊙ 自动排整个文章

选择"选择"工具 ，单击文本框的出口，光标会变为载入文本图符 。按住<Shift>键的同时，光标会变为自动排文图符 ，拖曳其到适当的位置，如图5-52所示。单击鼠标左键，自动创建与栏宽等宽的多个文本框，效果如图5-53所示。若文本超出文档页面，将自动新建文档页面，直到所有的文本都排入文档中。

🔍 **提示**

单击进行自动排文本时，光标变为载入文本图符后，按住<Shift>+<Alt>组合键，光标会变为固定页面自动排文图符。在页面中单击排文时，将所有文本自动排列到当前页面中，但不添加页面，任何剩余的文本将成为溢流文本。

图5-52

图5-53

5.1.5 设置文本框属性

选择"选择"工具 ，选取一个文本框，如图5-54所示。选择"对象 > 文本框架选项"命令，弹出"文本框架选项"对话框，如图5-55所示。设置需要的数值可改变文本框属性。

图5-54

图5-55

"列数"选项组可以设置固定的数字、宽度和弹性宽度，其中"栏数""栏间距""宽度""最大值"选项分别设置文本框的分栏数、栏间距、栏宽和宽度最大值。

在"文本框架选项"对话框中设置需要的数值，如图5-56所示，单击"确定"按钮，效果如图5-57所示。

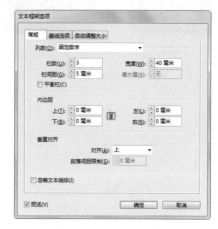
图5-56

图5-57

"平衡栏"复选框：勾选此选项，可以使分栏后文本框中的文本保持平衡。

"内边距"选项组：设置文本框上、下、左、右边距的偏离值。

"垂直对齐"选项组：其中的"对齐"选项设置文本框与文本的对齐方式，在其下拉列表中包括上、居中、下和两端对齐。

5.1.6 编辑文本

1. 选取或取消选取文本

⊙ 选取文本

选择"文字"工具 ，在文本框中单击并拖曳鼠标，选取需要的文本后，松开鼠标左键，选取文本。

选择"文字"工具 T，在文本框中单击插入光标，双击可选取任意标点符号间的文字，如图5-58所示。连续3次单击可选取一行文字，如图5-59所示。连续4次单击可选取整个段落，如图5-60所示。连续5次单击可选取整个文章，如图5-61所示。

图5-58　　　　　　　图5-59

图5-60　　　　　　　图5-61

选择"文字"工具 T，在文本框中单击插入光标，选择"编辑 > 全选"命令，可选取文章中的所有文本。

⊙ 取消选取文本

选择"文字"工具 T，在文档窗口或粘贴板的空白区域单击，可取消文本的选取状态。

单击选取工具或选择"编辑 > 全部取消选择"命令，可取消文本的选取状态。

2．插入字形

选择"文字"工具 T，在文本框中单击插入光标，如图5-62所示。选择"文字 > 字形"命令，弹出"字形"面板，在面板下方设置需要的字体和字体风格，选取需要的字符，如图5-63所示。双击字符图标在文本中插入字形，效果如图5-64所示。

图5-62

图5-63　　　　　　　图5-64

5.1.7　随文框

1．创建随文框

⊙ 粘贴创建随文框

选择"选择"工具 ▶，选取需要的图形，如图5-65所示。按<Ctrl>+<X>组合键（或按<Ctrl>+<C>组合键）剪切（或复制）图形。选择"文字"工具 T，在文本框中单击插入光标，如图5-66所示。按<Ctrl>+<V>组合键，创建随文框，效果如图5-67所示。

图5-65　　　　图5-66　　　　图5-67

⊙ 置入创建随文框

选择"文字"工具 T，在文本框中单击插入光标，如图5-68所示。选择"文件 > 置入"命令，在弹出的对话框中选取要导入的图形文件，单击"打开"按钮，创建随文框，效果如图5-69所示。

图5-68   图5-69

图5-74   图5-75

图5-76

> **🔍 提示**
>
>   随文框是将框贴入或置入文本，或是将字符转换为外框。随文框可以包含文本或图形，可以用文字工具选取。

⊙ 拖曳创建随文框

    选择"选择"工具 ▶，选取需要的图形，如图5-70所示。按住<Shift>键的同时，将光标移动到限位框的适当位置，如图5-71所示。拖曳对象到文本中适当的位置，如图5-72所示。松开鼠标，图片移动到文本中，如图5-73所示。

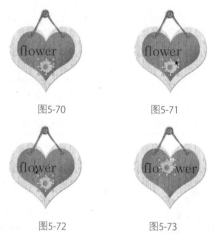

图5-70   图5-71

图5-72   图5-73

    按住<Alt>键的同时，拖动对象到文本中适当的位置，弹出"定位对象选项"对话框，在对话框中可以设置定位位置。

2. 移动随文框

    选择"文字"工具 T，选取需要移动的随文框，如图5-74所示。在"控制"面板中的"基线偏移"选项 中输入需要的数值，如图5-75所示。取消选取状态，随文框的移动效果如图5-76所示。

    选择"文字"工具 T，选取需要移动的随文框，如图5-77所示。在"控制"面板中的"字符间距"选项 中输入需要的数值，如图5-78所示。取消选取状态，随文框的移动效果如图5-79所示。

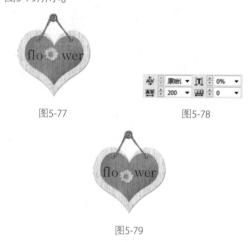

图5-77   图5-78

图5-79

    选择"选择"工具 ▶ 或"直接选择"工具 ▶，选取随文框，沿与基线垂直的方向向上（或向下）拖曳，可移动随文框。不能沿水平方向拖曳随文框，也不能将框底拖曳至基线以上或是将框顶拖曳至基线以下。

3. 清除随文框

    选择"选择"工具 ▶ 或"直接选择"工具 ▶，选取随文框，选择"编辑 > 清除"命令或按<Delete>键或按<Backspace>键，即可清除随文框。

084

5.2 文本效果

InDesign CS6中提供了多种制作文本效果的方法，包括文本绕排、路径文字和从文本创建路径。下面详细介绍制作文本效果的方法和技巧。

5.2.1 课堂案例——制作糕点宣传单内页

【案例学习目标】学习使用文字工具、文本绕排面板和路径文字工具制作糕点宣传单内页。

【案例知识要点】使用置入命令和选择工具置入图片；使用矩形工具和文字工具制作标题文字；使用文本绕排面板制作图文绕排效果；使用钢笔工具和路径文字工具制作路径文字，效果如图5-80所示。

【效果所在位置】Ch05/效果/制作糕点宣传单内页.indd。

图5-80

（1）选择"文件 > 新建 > 文档"命令，弹出"新建文档"对话框，设置如图5-81所示。单击"边距和分栏"按钮，弹出"新建边距和分栏"对话框，设置如图5-82所示，单击"确定"按钮，新建一个页面。选择"视图 > 其他 > 隐藏框架边缘"命令，将所绘制图形的框架边缘隐藏。

图5-81

图5-82

（2）选择"文件 > 置入"命令，弹出"置入"对话框，选择本书学习资源中的"Ch05 > 素材 > 制作糕点宣传单内页 > 01、02"文件，单击"打开"按钮，在页面空白处多次单击鼠标左键置入图片。选择"自由变换"工具，分别将图片拖曳到适当的位置并调整其大小，如图5-83所示。选择"选择"工具，裁切图片，效果如图5-84所示。

图5-83　　　　　　　图5-84

（3）选择"矩形"工具，在页面中适当的

位置绘制一个矩形。设置填充色的CMYK值为0、73、100、46，填充图形，设置描边色为无，效果如图5-85所示。选择"文字"工具 T，在矩形上拖曳一个文本框，输入需要的文字并选取文字，在"控制"面板中选择合适的字体和文字大小。设置文字填充色的CMYK值为0、9、9、0，填充文字，效果如图5-86所示。用相同的方法再次输入文字，并设置文字填充色的CMYK值为0、73、100、46，填充文字，效果如图5-87所示。

图5-85

图5-86

图5-87

（4）选择"文字"工具 T，在矩形上拖曳一个文本框，输入需要的文字并选取文字，在"控制"面板中选择合适的字体和文字大小，将"行距" 选项设置为15.5点，效果如图5-88所示。选择"文件 > 置入"命令，弹出"置入"对话框，选择本书学习资源中的"Ch05 > 素材 > 制作糕点宣传单内页 > 03"文件，单击"打开"按钮，在页面空白处单击鼠标左键置入图片。选择"自由变换"工具，将图片拖曳到适当的位置并调整其大小，效果如图5-89所示。

图5-88

图5-89

（5）保持图片的选取状态。选择"窗口 > 文本绕排"命令，弹出"文本绕排"面板，单击"沿着对象形状绕排"按钮，设置如图5-90所示。按<Enter>键，效果如图5-91所示。

图5-90

图5-91

（6）选择"钢笔"工具，绘制一条路径，设置描边色的CMYK值为58、75、88、30，填充描边，如图5-92所示。选择"路径文字"工具，将光标定位于路径上方，光标变为图标，在路径上单击插入光标，如图5-93所示。输入需要的文本并选取文字，在"控制"面板中选择合适的字体和文字大小，效果如图5-94所示。

图5-92

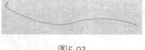
图5-93

图5-94

（7）选择"文字"工具 T，选取文字，在"控制"面板中将"基线偏移" 选项设为4点，按<Enter>键，效果如图5-95所示。选择"文件 > 置入"命令，弹出"置入"对话框，选择本书学习资源中的"Ch05 > 素材 > 制作糕点宣传单内页 > 04"文件，单击"打开"按钮，在页面空白处单击鼠标左键置入图片。选择"自由变换"工具，将图片拖曳到适当的位置并调整其大小，效果如图5-96所示。

图5-95

图5-96

（8）选择"文字"工具 **T**，在适当的位置拖曳一个文本框，输入需要的文字并选取文字，在"控制"面板中选择合适的字体和文字大小，将"行距" 选项设置为12点，效果如图5-97所示。选择"文件 > 置入"命令，弹出"置入"对话框，选择本书学习资源中的"Ch05 > 素材 > 制作糕点宣传单内页 > 05"文件，单击"打开"按钮，在页面空白处单击鼠标左键置入图片。选择"自由变换"工具，将图片拖曳到适当的位置并调整其大小，效果如图5-98所示。

图5-97

图5-98

（9）选择"文字"工具 **T**，在适当的位置拖曳一个文本框，输入需要的文字并选取文字，在"控制"面板中选择合适的字体和文字大小，效果如图5-99所示。分别选取需要的文字，设置文字填充色的CMYK值为0、100、100、15，填充文字，效果如图5-100所示。糕点宣传单内页制作完成，最终效果如图5-101所示。

图5-99　　　　　图5-100

图5-101

5.2.2　文本绕排

1. 文本绕排面板

选择"选择"工具，选取需要的图片，如图5-102所示。选择"窗口 > 文本绕排"命令，弹出"文本绕排"面板，如图5-103所示。单击需要的绕排按钮，制作出的文本绕排效果如图5-104所示。

图5-102　　　　　　　图5-103

沿定界框绕排　　　　　沿对象形状绕排

上下型绕排　　　　　　下型绕排

图5-104

在绕排位移参数中输入正值，绕排将远离边缘；若输入负值，绕排边界将位于框架边缘内部。

2. 沿对象形状绕排

当选取"沿对象形状绕排"时，"轮廓选项"被激活，可对绕排轮廓"类型"进行选择。这种绕排形式通常针对导入的图形来绕排文本。

选择"选择"工具，选取导入的图片，如图5-105所示。在"文本绕排"面板中单击"沿对象形状绕排"按钮，在"类型"选项中选择需要的命令，如图5-106所示，文本绕排效果如图5-107所示。

图5-108

图5-109

图5-105

图5-106

3. 反转文本绕排

选择"选择"工具，选取一个绕排对象，选择"窗口 > 文本绕排"命令，弹出"文本绕排"面板，设置需要的数值，如图5-110所示，文本绕排效果如图5-111所示。若勾选"反转"复选框，文本绕排效果如图5-112所示。

定界框

检测边缘

图5-110

Alpha通道

图形框架

图5-111

图5-112

4. 改变文本绕排的形状

选择"直接选择"工具，选取一个绕排对象，如图5-113所示。使用"钢笔"工具在路径上分别添加锚点，如图5-114所示。按住<Ctrl>键，单击选取需要的锚点，如图5-115所示，将其拖曳至需要的位置，如图5-116所示。用相同的方法将其他需要的锚点拖曳到适当的位置，改变文本绕排的形状，效果如图5-117所示。

与剪切路径相同
图5-107

勾选"包含内边缘"复选框，如图5-108所示，使文本显示在导入的图形的内边缘，效果如图5-109所示。

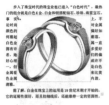

图5-113

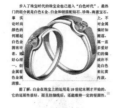

图5-114

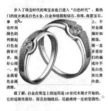

图5-115

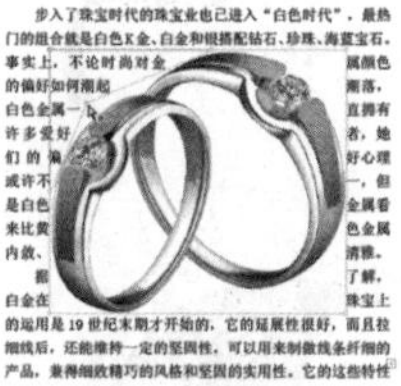

图5-116

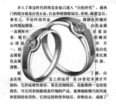

图5-117

提示

InDesign CS6提供了多种文本绕图的形式。应用好文本绕图可以使设计制作的杂志或报刊更加生动、美观。

5.2.3 路径文字

使用“路径文字”工具和“垂直路径文字”工具，在创建文本时，可以将文本沿着一个开放或闭合路径的边缘进行水平或垂直方向排列，路径可以是规则或不规则的。路径文字和其他文本框一样有入口和出口，如图5-118所示。

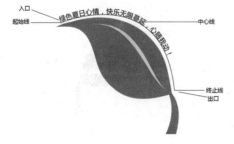

图5-118

1. 创建路径文字

选择“钢笔”工具，绘制一条路径，如图5-119所示。选择“路径文字”工具，将光标定位于路径上方，光标变为图标，如图5-120所示。在路径上单击插入光标，如图5-121所示。输入需要的文本，效果如图5-122所示。

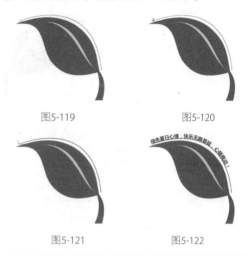

图5-119

图5-120

图5-121

图5-122

提示

若路径是有描边的，那么在添加文字之后会保持描边。要隐藏路径，用选取工具或直接选择工具选取路径，将填充和描边颜色都设置为无即可。

2. 编辑路径文字

⊙ 在路径上拖曳路径文字

选择“选择”工具，选取路径文字，如图5-123所示。将光标置于路径文字的起始线（或终止线）处，直到光标变为图标，拖曳起始线（或终止线）至需要的位置，如图5-124所示。松开鼠标，改变路径文字的起始线位置，而终止线位置保持不变，效果如图5-125所示。

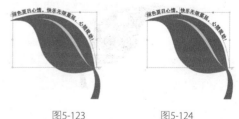

图5-123

图5-124

图5-125

⊙ 路径文字的垂直对齐

选择"选择"工具，选取路径文字，如图5-126所示。选择"文字 > 路径文字 > 选项"命令，弹出"路径文字选项"对话框，如图5-127所示。

图5-126

图5-127

在"效果"选项中分别设置不同的效果，如图5-128所示。

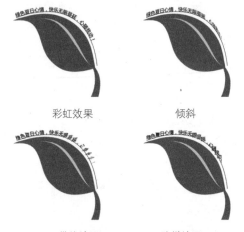

彩虹效果　　　　　倾斜

3D带状效果　　　　阶梯效果

重力效果

图5-128

"效果"选项不变（以彩虹效果为例），在"对齐"选项中分别设置不同的对齐方式，效果如图5-129所示。

全角字框上方　　　　　居中

全角字框下方　　　　表意字框上方

表意字框下方　　　　　基线

图5-129

"对齐"选项不变（以基线对齐为例），可以在"到路径"选项中设置上、下或居中3种对齐参照，如图5-130所示。

上　　　　　　　　下

居中

图5-130

"间距"是调整字符沿弯曲较大的曲线或锐角散开时的补偿，对于直线上的字符没有作用。"间距"选项可以是正值，也可以是负值。分别设置需要的数值，效果如图5-131所示。

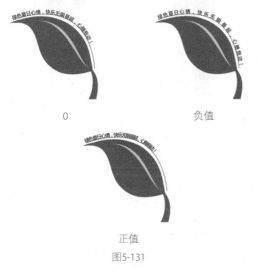

0　　　　　　　　　　负值

正值

图5-131

⊙ 使路径文字翻转

选择"选择"工具 ▶，选取路径文字，如图5-132所示。将光标置于路径文字的中心线处，直到光标变为 ▶⊥ 图标，拖曳中心线至内部，如图5-133所示。松开鼠标，效果如图5-134所示。

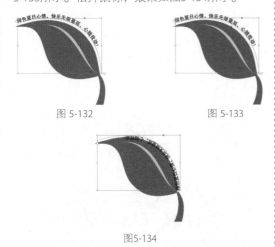

图 5-132　　　　　　　图 5-133

图5-134

选择"文字 > 路径文字 > 选项"命令，弹出"路径文字选项"对话框，勾选"翻转"选项，可将文字翻转。

5.2.4　从文本创建路径

在InDesign CS6中，将文本转化为轮廓后，可以像对其他图形对象一样进行编辑和操作。通过这种方式，可以创建多种特殊文字效果。

1. 将文本转为路径

选择"直接选择"工具 ▶，选取需要的文本框，如图5-135所示。选择"文字 > 创建轮廓"命令，或按<Ctrl>+<Shift>+<O>组合键，文本会转为路径，效果如图5-136所示。

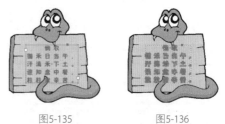

图5-135　　　　　　　图5-136

选择"文字"工具 T，选取需要的一个或多个字符，如图5-137所示。选择"文字 > 创建轮廓"命令，或按<Ctrl>+<Shift>+<O>组合键，字符会转为路径，选择"直接选择"工具 ▶，选取转化后的文字，效果如图5-138所示。

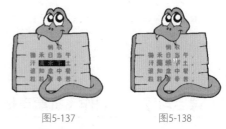

图5-137　　　　　　　图5-138

2. 创建文本外框

选择"直接选择"工具 ▶，选取转化后的文字，如图5-139所示。拖曳需要的锚点到适当的位置，如图5-140所示，可创建不规则的文本外框。

图5-139　　　　　　　图5-140

选择"选择"工具 ▶，选取一张置入的图片，如图5-141所示，按<Ctrl>+<X>组合键，将其剪切。选择"选择"工具 ▶, 选取转化为轮廓的文字, 如图 5-142所示。选择"编辑 > 贴入内部"命令, 将图片贴入转化后的文字中, 效果如图5-143所示。

5-145所示, 输入需要的文字, 效果如图5-146所示。取消填充后的效果如图5-147所示。

图5-144

图5-145

图5-141

图5-142

图5-143

图5-146

图5-147

选择"选择"工具 ▶, 选取转化为轮廓的文字, 如图5-144所示。选择"文字"工具 T, 将光标置于路径内部并单击, 插入光标, 如图

课堂练习——制作入场券

【练习知识要点】使用置入命令置入图片; 使用椭圆工具和基本羽化命令制作羽化效果; 使用文字工具创建文本框并输入需要的文字; 使用字符面板编辑文字; 使用渐变色板工具为文字填充渐变色, 效果如图5-148所示。

【素材所在位置】Ch05/素材/制作入场券/ 01。

【效果所在位置】Ch05/效果/制作入场券.indd。

图5-148

课后习题——制作飞机票宣传单

【习题知识要点】使用置入命令置入图片; 使用多边形工具、椭圆工具和缩放命令制作太阳图形; 使用钢笔工具和路径文字工具制作路径文字, 效果如图5-149所示。

【素材所在位置】Ch05/素材/制作飞机票宣传单/01~03。

【效果所在位置】Ch05/效果/制作飞机票宣传单.indd。

图5-149

第 *6* 章

处理图像

本章介绍

　　InDesign CS6支持多种图像格式，可以很方便地与多种应用软件协同工作，并通过链接面板和库面板来管理图像文件。通过学习本章的内容，读者可以了解并掌握图像的导入方法，熟练应用链接面板和库面板。

学习目标

◆ 掌握置入图像的方法。

◆ 了解管理链接和嵌入图像的技巧。

◆ 了解库的使用方法。

技能目标

◆ 掌握"相机广告"的制作方法。

6.1 置入图像

在InDesign CS6中，可以通过"置入"命令将图形图像导入InDesign的页面中，再通过编辑命令对导入的图形图像进行处理。

6.1.1 课堂案例——制作相机广告

【案例学习目标】学习使用置入命令制作相机广告。

【案例知识要点】使用置入命令、矩形工具和贴入内部命令制作相框照片；使用文字工具添加宣传文字；使用多边形工具、文字工具和矩形工具制作促销信息；使用矩形工具、角选项命令、椭圆工具和减去命令制作标志，效果如图6-1所示。

【效果所在位置】Ch06/效果/制作相机广告.indd。

图6-1

1. 添加并编辑图片

（1）选择"文件 > 新建 > 文档"命令，弹出"新建文档"对话框，设置如图6-2所示。单击"边距和分栏"按钮，弹出"新建边距和分栏"对话框，设置如图6-3所示，单击"确定"按钮，新建一个页面。选择"视图 > 其他 > 隐藏框架边缘"命令，将所绘制图形的框架边缘隐藏。

图6-2

图6-3

（2）选择"文件 > 置入"命令，弹出"置入"对话框，选择本书学习资源中的"Ch06 > 素材 > 制作相机广告 > 01"文件，单击"打开"按钮，在页面空白处单击鼠标左键置入图片。选择"自由变换"工具，将图片拖曳到适当的位置并调整其大小，效果如图6-4所示。

图6-4

（3）选择"矩形"工具，在适当的位置

绘制一个矩形，填充图形为白色，设置描边色为无，效果如图6-5所示。

图6-5

（4）选择"矩形"工具 ▣，在白色矩形上再绘制一个矩形，填充图形为黑色，设置描边为无，效果如图6-6所示。选择"选择"工具 ▶，按住<Shift>键的同时，依次单击选取两个图形，单击"控制"面板中的"水平居中对齐"按钮 ♨，对齐图形，效果如图6-7所示。

图6-6   图6-7

（5）选择"文件 > 置入"命令，弹出"置入"对话框，选择本书学习资源中的"Ch06 > 素材 > 制作相机广告 > 02"文件，单击"打开"按钮，在页面空白处单击鼠标左键置入图片。选择"自由变换"工具 ▦，将图片拖曳到适当的位置，并调整其大小，效果如图6-8所示。

图6-8

（6）按<Ctrl>+<X>组合键，剪切图片。选择"选择"工具 ▶，选取黑色矩形，选择"编辑 > 贴

入内部"命令，将图片贴入矩形的内部，效果如图6-9所示。选择"选择"工具 ▶，按住<Shift>键的同时，将图片和白色矩形同时选取，按<Ctrl>+<G>组合键将其编组，效果如图6-10所示。

图6-9   图6-10

（7）单击"控制"面板中的"向选定的目标添加对象效果"按钮 ƒx，在弹出的菜单中选择"投影"命令，弹出"效果"对话框，选项的设置如图6-11所示。单击"确定"按钮，效果如图6-12所示。

图6-11

图6-12

（8）保持图片的选取状态，在"控制"面板中将"旋转角度" ▵ ◌ 选项设为-34.5°，按<Enter>键，调整图像的角度并将其拖曳到适当的位置，效果如图6-13所示。用相同的方法置入并编辑其他图片，效果如图6-14所示。

图6-13　　　　　　　　　图6-14

（9）选择"文件 > 置入"命令，弹出"置入"对话框，选择本书学习资源中的"Ch06 > 素材 > 制作相机广告 > 06"文件，单击"打开"按钮，在页面空白处单击鼠标左键置入图片。选择"自由变换"工具 ，将图片拖曳到适当的位置并调整其大小，效果如图6-15所示。选择"椭圆"工具 ，在适当的位置绘制椭圆形，填充图形为黑色，设置描边色为无，效果如图6-16所示。

图6-15　　　　　　　　　图6-16

（10）单击"控制"面板中的"向选定的目标添加对象效果"按钮 ，在弹出的菜单中选择"定向羽化"命令，弹出"效果"对话框，选项的设置如图6-17所示。单击"确定"按钮，效果如图6-18所示。

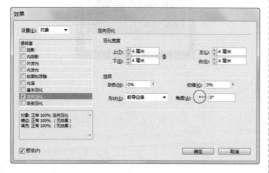

图6-17

图6-18

（11）选择"选择"工具 ，选取椭圆形，按<Ctrl>+<[>组合键，将图形后移一层，效果如图6-19所示。

图6-19

2. 添加宣传文字和促销信息

（1）选择"文字"工具 ，在页面中拖曳一个文本框，输入需要的文字，将输入的文字选取，如图6-20所示。在"控制"面板中选择合适的字体并设置文字大小，效果如图6-21所示。

图6-20　　　　　　　　　图6-21

（2）用相同的方法输入其他文字，效果如图6-22所示。选择"选择"工具 ，选取需要的文字，在"控制"面板中将"旋转角度" 选项设为13°，调整图像的角度并将其拖曳到适当的位置，效果如图6-23所示。

图6-22　　　　　　　　　图6-23

（3）选择"直线"工具 ，按住<Shift>键的同时，在适当的位置绘制一条直线，如图6-24所示。设置直线描边色的CMYK值为0、0、100、0，填充描边，效果如图6-25所示。

图6-24

图6-25

（4）双击"多边形"工具⬭，弹出"多边形设置"对话框，选项的设置如图6-26所示，单击"确定"按钮。按住<Shift>键的同时，在页面中绘制多角星形，设置图形填充色的CMYK值为15、100、100、0，填充图形，设置描边色为无，效果如图6-27所示。

图6-26

图6-27

（5）选择"文字"工具T，在页面中拖曳文本框，输入需要的文字，分别将输入的文字选取，在"控制"面板中选择合适的字体并设置文字大小，如图6-28所示。选取需要的文字，填充文字为白色，效果如图6-29所示。

图6-28

图6-29

（6）用相同的方法选取其他文字，设置文字填充色的CMYK值为0、0、100、0，填充文字，效果如图6-30所示。

图6-30

（7）选择"矩形"工具▣，在页面中绘制矩形，设置图形填充色的CMYK值为0、0、100、

0，填充图形，设置描边色为无，效果如图6-31所示。保持图形的选取状态，连续按<Ctrl>+<[>组合键，将图形向后移动到适当的位置，效果如图6-32所示。

图6-31

图6-32

（8）选择"文字"工具T，在页面中拖曳文本框，输入需要的文字，分别将输入的文字选取，在"控制"面板中选择合适的字体并设置文字大小，填充文字为白色，效果如图6-33所示。选取需要的文字，设置文字填充色的CMYK值为75、5、100、40，填充文字，效果如图6-34所示。用相同的方法选取其他文字，填充文字为白色，效果如图6-35所示。

图6-33

图6-34

图6-35

3. 制作标志和装饰图片

（1）选择"矩形"工具▣，在页面外绘制矩形，设置图形填充色的CMYK值为0、0、0、75，填充图形，设置描边色为无，效果如图6-36所示。

图6-36

（2）选择"对象>角选项"命令，弹出"角选项"对话框，选项的设置如图6-37所示。单击"确定"按钮，效果如图6-38所示。

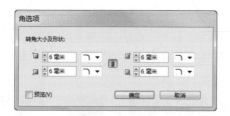

图6-37

图6-38

（3）选择"椭圆"工具 ◯，按住<Shift>键的同时，在适当的位置绘制圆形，填充图形为黑色，设置描边色为无，效果如图6-39所示。选择"选择"工具 ▶，选取图形，按<Ctrl>+<C>组合键复制图形。选择"编辑 > 原位粘贴"命令原位粘贴图形，等比例缩小图形，并填充图形为白色，效果如图6-40所示。

图6-39

图6-40

（4）按住<Shift>键的同时，选取需要的图形，如图6-41所示。选择"对象 > 路径查找器 > 减去"命令，生成新对象，效果如图6-42所示。选择"对象 > 路径 > 释放复合路径"命令，释放复合路径。选择"选择"工具 ▶，选中右侧图形，设置图形填充色的CMYK值为0、0、0、28，填充图形，效果如图6-43所示。

图6-41   图6-42   图6-43

（5）选择"文字"工具 T，在页面中拖曳一个文本框，输入需要的文字，将输入的文字选取，在"控制"面板中选择合适的字体和文字大小，效果如图6-44所示。选择"选择"工具 ▶，用圈选的方法将图形和文字同时选取，并将其拖曳到页面中适当的位置，效果如图6-45所示。

图6-44

图6-45

（6）选择"文件 > 置入"命令，弹出"置入"对话框，选择本书学习资源中的"Ch06 > 素材 > 制作相机广告 > 07"文件，单击"打开"按钮，在页面空白处单击鼠标左键置入图片。选择"自由变换"工具 ▦，将图片拖曳到适当的位置，调整其大小并旋转到适当的角度，效果如图6-46所示。

（7）选择"选择"工具 ▶，按住<Alt>键的同时，向下拖曳图形到适当的位置，复制图形，调整其大小并旋转到适当的角度，效果如图6-47所示。

图6-46

图6-47

（8）选择"选择"工具 ▶，选取图形，选择"窗口 > 效果"命令，弹出"效果"面板，选项的设置如图6-48所示，效果如图6-49所示。相机广告制作完成，效果如图6-50所示。

图6-48

图6-49

图6-50

6.1.2　关于位图和矢量图形

在计算机中，图像大致可以分为两种，即位图图像和矢量图形。位图图像效果如图6-51所示，矢量图形效果如图6-52所示。

图6-51　　　　　　　　图6-52

位图图像又称为点阵图，是由许多点组成的，这些点称为像素。许许多多不同色彩的像素组合在一起便构成了一幅图像。由于位图采取了点阵的方式，使每个像素都能够记录图像的色彩信息，因而可以精确地表现色彩丰富的图像。但图像的色彩越丰富，图像的像素就越多（即分辨率越高），文件也就越大，因此处理位图图像时，对计算机硬盘和内存的要求也较高。同时，由于位图本身的特点，图像在缩放和旋转变形时会产生失真的现象。

矢量图像是相对位图图像而言的，也称为向量图像，它是以数学的矢量方式来记录图像内容的。矢量图像中的图形元素称为对象，每个对象都是独立的，具有各自的属性（如颜色、形状、轮廓、大小和位置等）。矢量图像在缩放时不会产生失真的现象，并且它的文件占用的内存较小。这种图像的缺点是不易制作色彩丰富的图像，无法像位图图像那样精确地描绘各种绚丽的色彩。

这两种类型的图像各具特色，也各有优缺点，并且两者之间具有良好的互补性。因此，在图像处理和绘制图形的过程中，将这两种图像交互使用，取长补短，能使创作出来的作品更加完美。

6.1.3　置入图像的方法

"置入"命令是将图形导入InDesign中的主要方法，因为它可以在分辨率、文件格式、多页面PDF和颜色方面提供高级别的支持。如果所创建的文档并不十分注重这些特性，可以通过复制和粘贴操作将图形导入InDesign中。

1. 置入图像

在页面区域中未选取任何内容，如图6-53所示。选择"文件 > 置入"命令，弹出"置入"对话框，在弹出的对话框中选择需要的文件，如图6-54所示。单击"打开"按钮，在页面中单击鼠标左键置入图像，效果如图6-55所示。

图6-53

图6-54

图6-55

选择"选择"工具，在页面区域中选取图框，如图6-56所示。选择"文件 > 置入"命令，弹出"置入"对话框，在对话框中选择需要的文件，如图6-57所示。单击"打开"按钮，置入图像，效果如图6-58所示。

图6-56

图6-57

图6-58

选择"选择"工具 ，在页面区域中选取图像，如图6-59所示。选择"文件 > 置入"命令，弹出"置入"对话框，在对话框中选择需要的文件，在对话框下方勾选"替换所选项目"复选框，如图6-60所示。单击"打开"按钮，置入并替换所选图像，效果如图6-61所示。

图6-59

图6-60

图6-61

2. 复制和粘贴图像

在Illustrator或其他程序中，选取原始图形，如图6-62所示。选择"编辑 > 复制"命令，复制图形，切换到InDesign文档窗口，选择"编辑 > 粘贴"命令，粘贴图像，效果如图6-63所示。

图6-62

图6-63

3. 拖放图像

选择"选择"工具，选取需要的图形，如图6-64所示。按住鼠标左键将其拖曳到打开的InDesign文档窗口中，如图6-65所示，松开鼠标左键，效果如图6-66所示。

图6-64

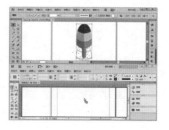

图6-65

图6-66

6.2 管理链接和嵌入图像

在InDesign CS6中，置入一个图像有两种形式，即链接图像和嵌入图像。当以链接图像的形式置入一个图像时，它的原始文件并没有真正被复制到文档中，而是为原始文件创建了一个链接（或称文件路径）。当嵌入图像文件时，会增加文档文件的大小并断开指向原始文件的链接。

6.2.1 链接面板

所有置入的文件都会被列在链接面板中。选择"窗口 > 链接"命令，弹出"链接"面板，如图6-67所示。

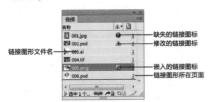

图6-67

"链接"面板中链接文件显示状态的意义如下。

最新：最新的文件只显示文件的名称及它在文档中所处的页面。

修改：修改的文件会显示⚠图标。此图标意味着磁盘上的文件版本比文档中的版本新。

缺失：丢失的文件会显示❓图标。此图标表示图形不再位于导入时的位置，但仍存在于某个地方。如果在显示此图标的状态下打印或导出文档，则文件可能无法以全分辨率打印或导出。

嵌入：嵌入的文件显示🎵图标。嵌入链接文件会导致该链接的管理操作暂停。

6.2.2 使用链接面板

1. 选取并将链接的图像调入文档窗口中

在"链接"面板中选取一个链接文件，如图6-68所示。单击"转到链接"按钮，或单击面板右上方的图标，在弹出的菜单中选择"转到链接"命令，如图6-69所示。选取并将链接的图像调入活动的文档窗口中，如图6-70所示。

图6-68　　　　　　图6-69

图6-70

2. 在原始应用程序中修改链接

在"链接"面板中选取一个链接文件，如图6-71所示。单击"编辑原稿"按钮，或单击面板右上方的图标，在弹出的菜单中选择"编辑原稿"命令，如图6-72所示。打开并编辑原文件，如图6-73所示。保存并关闭原文件，在InDesign中的效果如图6-74所示。

图6-71   图6-72

图6-73

图6-74

6.2.3 将图像嵌入文件

1. 嵌入文件

在"链接"面板中选取一个链接文件，如图6-75所示。单击面板右上方的图标，在弹出的菜单中选择"嵌入链接"命令，如图6-76所示。文件名保留在链接面板中，并显示嵌入链接图标，如图6-77所示。

图6-75   图6-76

图 6-77

🔍 注意

如果置入的位图图像小于或等于48KB，InDesign将自动嵌入图像。如果图像没有链接，当原始文件发生更改时，"链接"调板不会发出警告，并且无法自动更新相应文件。

2. 解除嵌入

在"链接"面板中选取一个嵌入的链接文件，如图6-78所示。单击面板右上方的图标，在弹出的菜单中选择"取消嵌入链接"命令，弹出如图6-79所示的对话框，选择是否链接至原文件。单击

图6-78

"是"按钮,将其链接至原文件,面板如图6-80所示;单击"否"按钮,将弹出"浏览文件夹"对话框,以选取需要的文件链接。

图6-79

图6-80

6.2.4 更新、恢复和替换链接

1. 更新修改过的链接

在"链接"面板中选取一个或多个带有修改链接图标 ⚠ 的链接,如图6-81所示。单击面板下方的"更新链接"按钮,或单击面板右上方的图标,在弹出的菜单中选择"更新链接"命令,如图6-82所示。更新选取的链接,面板如图6-83所示。

图6-81

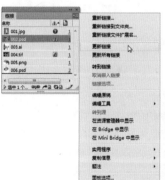

图6-82

图6-83

2. 一次更改所有修改过的链接

在"链接"面板中,按住<Ctrl>键的同时,选取需要的链接,如图6-84所示。单击面板下方的"更新链接"按钮,如图6-85所示。更新所有修改过的链接,效果如图6-86所示。

图6-84

图6-85

图6-86

在"链接"面板中,选取一个带有修改链接图标 ⚠ 的链接,如图6-87所示。单击面板右上方的图标,在弹出的菜单中选择"更新所有链接"命令,更新所有修改过的链接,效果如图6-88所示。

图6-87

图6-88

3. 恢复丢失的链接或用不同的源文件替换链接

在"链接"面板中选取一个或多个带有丢失链接图标 ❓ 的链接,如图6-89所示。单击"重新链接"按钮,或单击面板右上方的图标,在弹出的菜单中选择"重新链接"命令,如图6-90所示,弹出"定位"对话框,选取要重新链接的文件,单击"打开"按钮,文件重新链接,"链接"面板如图6-91所示。

图6-89　　　　　　　图6-90

图6-91

🔍**注意**

　　如果所有缺失文件位于相同的文件夹中，则可以一次恢复所有缺失文件。首先选择所有缺失的链接（或不选择任何链接），然后恢复其中的一个链接，其余的所有缺失链接将自动恢复。

6.3　使用库

　　库有助于组织常用的图形、文本和页面。可以向库中添加标尺参考线、网格、绘制的形状和编组图像，并且可以根据需要任意创建多个库。

6.3.1　创建库

　　选择"文件 > 新建 > 库"命令，弹出"新建库"对话框，如图6-92所示。为库指定位置和名称，单击"保存"按钮，在文档中弹出"库"面板，"库"面板的名称是由新建库时所指定的名称决定的，如图6-93所示。

图6-92

图6-93

　　选择"文件 > 打开"命令，在弹出的对话框中选取要打开的一个或多个库，单击"打开"按钮即可。

　　单击"库"面板中的关闭按钮，或单击面板右上方的图标，在弹出的菜单中选择"关闭库"命令，可关闭库。在"窗口"菜单中选择"库"的文件名，也可以关闭库。

　　直接将"库"文件拖曳到桌面的"回收站"中，可删除库。

6.3.2　将对象或页面添加到库中

　　选择"选择"工具，选取需要的图形，如图6-94所示。按住鼠标左键将其拖曳到"库"面板中，如图6-95所示。松开鼠标左键，所有的对象将作为一个库对象添加到库中，如图6-96所示。

图6-94

图6-95

图6-96

选择"选择"工具 ，选取需要的图形，如图6-97所示。单击"新建库项目"按钮 ，或单击面板右上方的 图标，在弹出的菜单中选择"添加项目"命令，如图6-98所示。将所有的对象作为一个库对象添加到库中，效果如图6-99所示。

图6-97

图6-98

图6-99

在要添加对象的页面空白处单击，如图6-100所示。单击"库"面板右上方的 图标，在弹出的菜单中选择"添加第1页上的项目"命令，如图6-101所示。将所有的对象作为一个库对象添加到库中，效果如图6-102所示。

图6-100

图6-101

图6-102

在要添加对象的页面空白处单击，如图6-103所示。单击"库"面板右上方的 图标，在弹出的菜单中选择"将第1页上的项目作为单独对象添加"命令，如图6-104所示。将所有的对象作为单独的库对象添加到库中，效果如图6-105所示。

图6-103

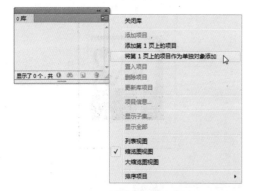

图6-104

图6-105

6.3.3　将库中的对象添加到文档中

选择"选择"工具，选取库面板中的一个或多个对象，如图6-106所示。按住鼠标左键将其拖曳到文档中，如图6-107所示。松开鼠标左键，对象添加到文档中，效果如图6-108所示。

图6-106

图6-107

图6-108

选择"选择"工具，选取库面板中的一个或多个对象，如图6-109所示。单击"库"面板右上方的图标，在弹出的菜单中选择"置入项目"命令，如图6-110所示。对象按其原x、y坐标置入，效果如图6-111所示。

图6-109

图6-110

图6-111

6.3.4　管理库对象

1．更新库对象

选择"选择"工具，选取要添加到"库"面板中的图形，如图6-112所示。在"库"面板中选取要替换的对象，如图6-113所示。单击面板右上方的图标，在弹出的菜单中选择"更新库项目"命令，如图6-114所示。新项目替换库中的对象，面板如图6-115所示。

图6-112　　　　　　　图6-113

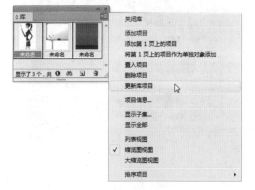

图6-114

图6-115

2．从一个库复制或移动对象到另一个库

选择"文件 > 新建 > 库"命令，弹出"新建库"对话框，为库指定位置和名称，单击"保存"按钮，在文档中弹出"库2"面板。

选择"选择"工具，选取"库"面板中要复制的对象，如图6-116所示。按住鼠标左键将其拖曳到"库2"面板中，如图6-117所示。松开鼠标左键，对象复制到"库2"面板中，如图6-118所示。

图6-116　　　　图6-117　　　　图6-118

选择"选择"工具，选取"库"面板中要移动的对象，如图6-119所示。按住<Alt>键的同时，将其拖曳到"库2"面板中，如图6-120所示。松开鼠标左键，对象移动到"库2"面板中，效果如图6-121所示。

图6-119　　　　图6-120　　　　图6-121

3．从库中删除对象

选择"选择"工具，选取"库"面板中的一个或多个对象。单击面板中的"删除库项目"按钮，或单击面板右上方的图标，在弹出的菜单中选择"删除项目"命令，可从库中删除对象。

📝 课堂练习——制作新年卡片

【练习知识要点】使用置入命令置入素材图片；使用文字工具添加祝福文字，效果如图6-122所示。

【素材所在位置】Ch06/素材/制作新年卡片/01~03。

【效果所在位置】Ch06/效果/制作新年卡片.indd。

图6-122

📝 课后习题——制作甜品宣传单

【习题知识要点】使用置入命令、渐变色板工具和效果面板制作背景效果；使用文字工具、创建轮廓命令和贴入内部命令制作标题文字；使用椭圆工具、贴入内部命令制作图片剪切效果；使用椭圆工具、钢笔工具和路径查找器面板绘制标志，效果如图6-123所示。

【素材所在位置】Ch06/素材/制作甜品宣传单/01~07。

【效果所在位置】Ch06/效果/制作甜品宣传单.indd。

图6-123

第 7 章

版式编排

本章介绍

在InDesign CS6中，可以便捷地设置字符的格式和段落的样式。通过学习本章的内容，读者可以了解格式化字符和段落、设置项目符号及使用定位符的方法和技巧，并能熟练掌握字符样式和段落样式面板的操作，为今后快捷地进行版式编排打下坚实的基础。

学习目标

◆ 熟练掌握字符格式的控制方法。

◆ 熟练掌握段落格式的控制技巧。

◆ 掌握对齐文本的方法。

◆ 了解字符样式和段落样式的设置技巧。

技能目标

◆ 掌握"购物招贴"的制作方法。

◆ 掌握"风景台历"的制作方法。

在InDesign CS6中，可以通过"控制"面板和"字符"面板设置字符的格式。这些格式包括文字的字体、字号、颜色和字符间距等。

选择"文字"工具 **T** ，"控制"面板如图7-1所示。

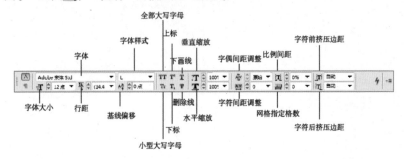

图7-1

选择"窗口 > 文字和表 > 字符"命令，或按 <Ctrl>+<T>组合键，弹出"字符"面板，如图7-2所示。

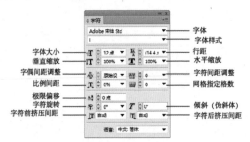

图7-2

【案例学习目标】学习使用文字工具和字符面板制作购物招贴。

【案例知识要点】使用矩形和置入命令制作背景效果；使用文字工具和旋转角度命令添加广告语；使用椭圆工具、多边形工具和文字工具制作标志；使用直线工具、文字工具和字符面板添加其他相关信息，效果如图7-3所示。

【效果所在位置】Ch07/效果/制作购物招贴.indd。

图7-3

1. 添加并编辑标题文字

（1）选择"文件 > 新建 > 文档"命令，弹出"新建文档"对话框，设置如图7-4所示。单击"边距和分栏"按钮，弹出"新建边距和分栏"对话框，设置如图7-5所示。单击"确定"按钮，新建一个页面。选择"视图 > 其他 > 隐藏框架边缘"命令，将所绘制图形的框架边缘隐藏。

（2）选择"矩形"工具 ，在页面中拖曳鼠标光标绘制矩形，设置图形填充色的CMYK值为71、63、60、12，填充图形，设置描边色为无，效果如图7-6所示。

（3）在页面空白处单击，取消图形的选取状态。按<Ctrl>+<D>组合键，弹出"置入"对话框，选择本书学习资源中的"Ch07 > 素材 > 制作购物招贴 > 01"文件，单击"打开"按钮，在页面空白处单击鼠标左键置入图片，并拖曳图片到适当的位置，效果如图7-7所示。

图7-4

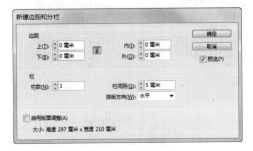

图7-5

图7-6　　　　　图7-7

（4）选择"文字"工具 T，在页面中拖曳一个文本框，输入需要的文字。将输入的文字选取，在"控制"面板中选择合适的字体并设置文字大小，填充文字为白色，效果如图7-8所示。在"控制"面板中将"垂直缩放" IT ↕ 100% ▼ 选项设为130%，按<Enter>键，效果如图7-9所示。选择"选择"工具 ▶，在"控制"面板中将"不透明度" ☑ 100% ▸ 选项设为60%，按<Enter>键，效果

如图7-10所示。

图7-8

图7-9

图7-10

（5）在页面空白处单击，取消文字的选取状态。按<Ctrl>+<D>组合键，弹出"置入"对话框，选择本书学习资源中的"Ch07 > 素材 > 制作购物招贴 > 02"文件，单击"打开"按钮，在页面空白处单击鼠标左键置入图片，并拖曳图片到适当的位置，效果如图7-11所示。

图7-11

（6）选择"文字"工具 T，在页面中分别拖曳文本框，输入需要的文字。分别将输入的文字选取，在"控制"面板中选择合适的字体并设置文字大小。设置文字填充色的CMYK值为35、100、100、0，填充文字。在页面空白处单击，取消文字的选取状态，效果如图7-12所示。

图7-12

（7）选择"文字"工具 T，选取需要的文字，如图7-13所示。在"控制"面板中将"字符间距" AV ↕ 0 ▼ 选项设为-25，按<Enter>键，效果如图7-14所示。

图7-13　　　　　　　图7-14

（8）选择"选择"工具 ，按住<Shift>键的同时，将文字同时选取，如图7-15所示。选择"窗口 > 对象和版面 > 对齐"命令，弹出"对齐"面板，单击"左对齐"按钮 ，如图7-16所示，对齐效果如图7-17所示。在"控制"面板中将"旋转角度" 选项设为15°，按<Enter>键旋转文字，并将其拖曳到适当的位置，效果如图7-18所示。

图7-15　　　　　　　图7-16

图7-17　　　　　　　图7-18

2．添加宣传性文字

（1）使用上述方法添加其他宣传文字，效果如图7-19所示。选择"文字"工具 ，选取需要的文字，如图7-20所示。单击"控制"面板中的"下画线"按钮 ，效果如图7-21所示。

图7-19　　　　　　　图7-20

图7-21

（2）选择"文字"工具 ，分别选取数字"2000""302""1000""152"，设置文字填充色的CMYK值为35、100、100、0，填充文字，效果如图7-22所示。使用"文字"工具 ，选取数字"2"，如图7-23所示。单击"控制"面板中的"上标"按钮 ，效果如图7-24所示。

图7-22　　　　　　　图7-23

图7-24

（3）用相同的方法将另一数字设置为上标，效果如图7-25所示。按<Ctrl>+<D>组合键，弹出"置入"对话框，选择本书学习资源中的"Ch07 > 素材 > 制作购物招贴 > 03"文件，单击"打开"按钮，在页面空白处单击鼠标左键置入图片，拖曳图片到适当的位置并调整其大小，效果如图7-26所示。

图7-25　　　　　　　图7-26

（4）保持图片的选取状态，在"控制"面板上将"旋转角度" ▲◆0°▼选项设为15°，按<Enter>键，效果如图7-27所示。连续按<Ctrl>+<[>组合键，将图片后移至文字的后方，效果如图7-28所示。

图7-27　　　　　　　图7-28

（5）选择"文字"工具 T，在页面中分别拖曳文本框，输入需要的文字。分别将输入的文字选取，在"控制"面板中选择合适的字体并设置文字大小。设置文字填充色的CMYK值为35、100、100、0，填充文字。在页面空白处单击，取消文字的选取状态，效果如图7-29所示。

图7-29

（6）选择"文字"工具 T，选取需要的文字，如图7-30所示。在"控制"面板中将"字符间距" ᴀᵛ◆0 ▼选项设为-50，按<Enter>键，效果如图7-31所示。

图7-30　　　　　　　图7-31

（7）用相同的方法将下方英文的"字符间距" ᴀᵛ◆0 ▼选项设为25，按<Enter>键，效果如图7-32所示。选择"选择"工具 ▶，

按住<Shift>键的同时，将两个英文同时选取，如图7-33所示。在"控制"面板中将"旋转角度" ▲◆0°▼选项设为15°，按<Enter>键，效果如图7-34所示。

图7-32　　　　　　　　　图7-33

图7-34

（8）按<Ctrl>+<D>组合键，弹出"置入"对话框，选择本书学习资源中的"Ch07 > 素材 > 制作购物招贴 > 04"文件，单击"打开"按钮，在页面空白处单击鼠标左键置入图片，拖曳图片到适当的位置并调整其大小，效果如图7-35所示。

图7-35

（9）选择"矩形"工具 ▢，在页面中拖曳鼠标光标绘制矩形，设置图形填充色的CMYK值为35、100、100、0，填充矩形，设置描边色为无，效果如图7-36所示。在适当的位置再次拖曳鼠标光标绘制矩形，填充矩形为白色，并设置描边色为无，效果如图7-37所示。

图7-36　　　　　　　图7-37

（10）选择"选择"工具 ▶，按住<Shift>键的同时，将红色矩形和白色矩形同时选取，单击"对齐"面板中的"垂直居中对齐"按钮，对齐效果如图7-38所示。按<Ctrl>+<G>组合键将其编组，并将编组图形拖曳到页面中适当的位置，效果如图7-39所示。按住<Shift>键的同时，单击背景图片，将背景图片和编组图形同时选取，单击"对齐"面板中的"水平居中对齐"按钮，对齐效果如图7-40所示。

图7-38

图7-39

图7-40

3. 制作标志

（1）选择"椭圆"工具，按住<Shift>键的同时，在页面中拖曳鼠标光标绘制圆形，如图7-41所示。双击"多边形"工具，弹出"多边形设置"对话框，选项的设置如图7-42所示。单击"确定"按钮，按住<Shift>键的同时，在页面中分别拖曳鼠标光标，绘制两个多边形图形，效果如图7-43所示。

图7-41   图7-42

图7-43

（2）选择"选择"工具，用圈选的方法将圆形和多边形同时选取，如图7-44所示。选择"窗口>对象和版面>路径查找器"命令，弹出"路径查找器"面板，单击"减去"按钮，如图7-45所

示，生成新的对象，效果如图7-46所示。

图7-44   图7-45   图7-46

（3）保持图形的选取状态。双击"渐变色板"工具，弹出"渐变"面板，在"类型"选项的下拉列表中选择"线性"，在色带上选中左侧的渐变色标，设置CMYK的值为0、100、0、0，选中右侧的渐变色标，设置CMYK的值为0、100、0、30，其他选项的设置如图7-47所示。在图形上拖曳鼠标光标，效果如图7-48所示。填充渐变色，设置描边色为无，效果如图7-49所示。

图7-47   图7-48   图7-49

（4）选择"文字"工具，在页面中拖曳文本框，输入需要的文字。将输入的文字选取，在"控制"面板中选择合适的字体并设置文字大小，效果如图7-50所示。使用"文字"工具，选取需要的文字，在"控制"面板中选择合适的字体并设置文字大小，效果如图7-51所示。

图7-50

图7-51

（5）使用"文字"工具 T，再次选取需要的文字，在"控制"面板中将"基线偏移" A↕ 0点 选项设为-5点，按<Enter>键，效果如图7-52所示。在文字下方拖曳文本框，输入需要的文字。将输入的文字选取，在"控制"面板中选择合适的字体并设置文字大小，效果如图7-53所示。

图7-52

图7-53

（6）选择"选择"工具 ↖，用圈选的方法将图形和文字同时选取，按<Ctrl>+<G>组合键将其编组，如图7 54所示。将编组图形拖曳到适当的位置，效果如图7-55所示。

图7-54

图7-55

（7）选择"文字"工具 T，在页面中拖曳文本框，输入需要的义字。将输入的文字选取，在"控制"面板中选择合适的字体并设置文字大小，效果如图7-56所示。在"控制"面板中将"字符间距" AV 0 选项设为50，按<Enter>键，效果如图7-57所示。

图7-56

图7-57

（8）选择"直线"工具 ∕，按住<Shift>键的同时，在页面中适当的位置拖曳鼠标光标绘制直线。在"控制"面板中将"描边粗细" 0.283 选项设为2点，按<Enter>键，改变直线的粗细。并将描边色设为白色，效果如图7-58所示。

图7-58

（9）选择"文字"工具 T，在页面中拖曳文本框，输入需要的文字。将输入的文字选取，在"控制"面板中选择合适的字体并设置文字大小，如图7-59所示。

图7-59

（10）保持文字的选取状态，按<Ctrl>+<T>组合键，弹出"字符"面板，将"垂直缩放" IT 100% 选项设为150%，"字符间距" AV 0 选项设为5，其他选项的设置如图7-60所示，按<Enter>键，效果如图7-61所示。

图7-60

图7-61

（11）在页面空白处单击，取消文字的选取
状态，购物招贴制作完成，最终效果如图7-62
所示。

图7-62

7.1.2 字体

字体是版式编排中非常基础、非常重要的组
成部分。下面具体介绍设置字体和复合字体的方
法和技巧。

1. 设置字体

选择"文字"工具 **T**，选择要更改的文
字，如图7-63所示。在"控制"面板中单击"字
体"选项右侧的■按钮，在弹出的
菜单中选择一种字体，如图7-64所
示。改变字体，取消文字的选取状
态，效果如图7-65所示。

图7-63

图7-64

图7-65

选择"文字"工具 **T**，选择要更改的文
本，如图7-66所示。选择"窗口 > 文字和表 > 字
符"命令，或按<Ctrl>+<T>组合键，弹出"字
符"面板，单击"字体"选项右侧的■按钮，可
以从弹出的下拉列表中选择一种需要的字体，如
图7-67所示。取消文字的选取状态，文字效果如
图7-68所示。

图7-66   图7-67   图7-68

选择"文字"工具 **T**，选择要更改的文
本，如图7-69所示。选择"文字 > 字体"命令，
在弹出的子菜单中选择一种需要的字体，如图
7-70所示，效果如图7-71所示。

图7-69

图7-70

图7-71

2. 复合字体

选择"文字 > 复合字体"命令，或按<Alt>+
<Shift>+<Ctrl>+<F>组合键，弹出"复合字体编
辑器"对话框，如图7-72所示。单击"新建"按
钮，弹出"新建复合字体"对话框，如图7-73所
示。在"名称"选项的文本框中输入复合字体的
名称，如图7-74所示，单击"确定"按钮。返回到
"复合字体编辑器"对话框中，在列表框下方选
取字体，如图7-75所示。单击列表框中的其他选
项，分别设置需要的字体，如图7-76所示。单击

"存储"按钮，将复合字体存储，再单击"确定"按钮，复合字体制作完成，在字体列表的最上方显示，如图7-77所示。

图7-72

图7-73

图7-74

图7-75

图7-76

图7-77

在"复合字体编辑器"对话框的右侧可以进行如下操作。

单击"导入"按钮，可导入其他文本中的复合字体。

选取不需要的复合字体，单击"删除字体"按钮，可删除复合字体。

可以通过点选"横排文本"和"直排文本"单选钮切换样本文本的文本方向，使其以水平或垂直方式显示。还可以选择"显示"或"隐藏"指示表意字框、全角字框、基线等彩线。

7.1.3 行距

选择"文字"工具T，选择要更改行距的文本，如图7-78所示。在"控制"面板中的"行距"选项的文本框中输入需要的数值后，按<Enter>键确认操作。取消文字的选取状态，效果如图7-79所示。

图7-78

图7-79

选择"文字"工具 T，选择要更改的文本，如图7-80所示。"字符"面板如图7-81所示，在"行距"选项 的文本框中输入需要的数值，如图7-82所示。按<Enter>键确认操作，取消文字的选取状态，效果如图7-83所示。

图7-80　　　　　图7-81

图7-82　　　　　图7-83

7.1.4　调整字偶间距和字距

1. 调整字偶间距

选择"文字"工具 T，在需要的位置单击插入光标，如图7-84所示。在"控制"面板中的"字偶间距"选项 的文本框中输入需要的数值，如图7-85所示。按<Enter>键确认操作，取消文字的选取状态，效果如图7-86所示。

图7-84　　　　图7-85　　　　图7-86

🔍 **提示**

选择"文字"工具 T，在需要的位置单击插入光标，按住<Alt>键的同时，单击向左（或向右）方向键可减小（或增大）两个字符之间的字偶间距。

2. 调整字距

选择"文字"工具 T，选择需要的文本，如图7-87所示。在"控制"面板中的"字符间距"选项 的文本框中输入需要的数值，如图7-88所示。按<Enter>键确认操作，取消文字的选取状态，效果如图7-89所示。

图7-87　　　　图7-88　　　　图7-89

🔍 **提示**

选择"文字"工具 T，选择需要的文本，按住<Alt>键的同时，单击向左（或右）方向键可减小（或增大）字符间距。

7.1.5　基线偏移

选择"文字"工具 T，选择需要的文本，如图7-90所示。在"控制"面板中的"基线偏移"选项 的文本框中输入需要的数值，正值将使该字符的基线移动到这一行中其余字符基线的上方,如图7-91所示;负值将使其移动到这一行中其余字符基线的下方,如图7-92所示。

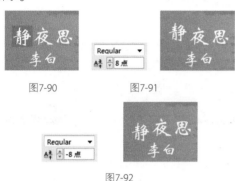

图7-90   图7-91

图7-92

> ## 🔍 技巧
>
> 在"基线偏移"选项 ♙ 的文本框中单击,按向上(或向下)方向键,可增大(或减小)基线偏移值。按住<Shift>键的同时按向上或向下方向键,可以按更大的增量(或减量)更改基线偏移值。

7.1.6 使字符上标或下标

选择"文字"工具 T,选择需要的文本,如图7-93所示。在"控制"面板中单击"上标"按钮 T¹,如图7-94所示,选取的文本变为上标。取消文字的选取状态,效果如图7-95所示。

图7-93 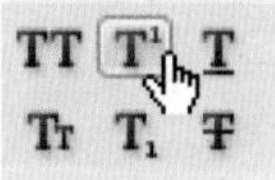   图7-94    图7-95

选择"文字"工具 T,选择需要的文本,如图7-96所示。在"字符"面板中单击右上方的 图标,在弹出的菜单中选择"下标"命令,如图7-97所示,选取的文本变为下标。取消文字的选取状态,效果如图7-98所示。

H_2O

图7-96

图7-97

H_2O

图7-98

7.1.7 下画线和删除线

选择"文字"工具 T,选择需要的文本,如图7-99所示。在"控制"面板中单击"下画线"按钮 T,如图7-100所示,为选取的文本添加下画线。取消文字的选取状态,效果如图7-101所示。

图7-99 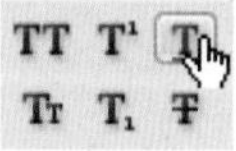   图7-100    图7-101

选择"文字"工具 T,选择需要的文本,如图7-102所示。在"字符"面板中单击右上方的 图标,在弹出的菜单中选择"删除线"命令,如图7-103所示,为选取

图7-102

的文本添加删除线。取消文字的选取状态，效果如图7-104所示。

下画线和删除线的默认粗细、颜色取决于文字的大小和颜色。

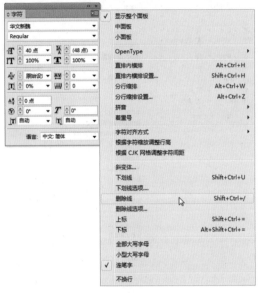

图7-103

图7-104

7.1.8　缩放文字

选择"选择"工具，选取需要的文本框，如图7-105所示。按<Ctrl>+<T>组合键，弹出"字符"面板，在"垂直缩放"选项的文本框中输入需要的数值，如图7-106所示。按<Enter>键确认操作，垂直缩放文字，取消文本框的选取状态，效果如图7-107所示。

图7-105

图7-106

图7-107

选择"选择"工具，选取需要的文本框，如图7-108所示。在"字符"面板中"水平缩放"选项的文本框中输入需要的数值，如图7-109所示。按<Enter>键确认操作，水平缩放文字，取消文本框的选取状态，效果如图7-110所示。

图7-108　　　　图7-109　　　　图7-110

选择"文字"工具，选取需要的文字。在"控制"面板的"垂直缩放"选项或"水平缩放"选项的文本框中分别输入需要的数值，也可缩放文字。

7.1.9　倾斜文字

选择"选择"工具，选取需要的文本框，如图7-111所示。按<Ctrl>+<T>组合键，弹出"字符"面板，在"倾斜"选项的文本框中输入需要的数值，如图7-112所示。按<Enter>键确认操作，倾斜文字，取消文本框的选取状态，效果如图7-113所示。

图7-111　　　　图7-112　　　　图7-113

7.1.10　旋转文字

选择"选择"工具，选取需要的文本框，如图7-114所示。按<Ctrl>+<T>组合键，弹出"字符"面板，在"字符旋转"选项中输入需要的数值，如图7-115所示。按<Enter>键确认操作，旋转文字，取消文本框的选取状态，效果如图7-116所示。输入负值可以向右（顺时针）旋转字符。

图7-114　　　图7-115　　　图7-116

7.1.11　调整字符前后的间距

选择"文字"工具 T，选择需要的字符，如图7-117所示。在"控制"面板中的"比例间距"选项 T 的文本框中输入需要的数值，如图7-118所示。按<Enter>键确认操作，可调整字符的前后间距，取消文字的选取状态，效果如图7-119所示。

图7-117　　　　　图7-118　　　　　图7-119

调整"控制"面板或"字符"面板中的"字符前挤压间距"选项 T 和"字符后挤压间距"选项 T，也可调整字符前后的间距。

7.1.12　更改文本的颜色和渐变

选择"文字"工具 T，选择需要的文字，如图7-120所示。双击工具箱下方的"填色"按钮，弹出"拾色器"对话框，在对话框中调配需要的颜色，如图7-121所示。单击"确定"按钮，对象的颜色填充效果如图7-122所示。

图7-120

图7-121

图7-122

选择"选择"工具 ，选取需要的文本框，如图7-123所示。在工具箱下方单击"格式针对文本"按钮 T，如图7-124所示。

图7-123　　　　　　图7-124

双击"描边"按钮，弹出"拾色器"对话框，在对话框中调配需要的颜色，如图7-125所示。单击"确定"按钮，对象的描边填充效果如图7-126所示。

还可以通过"颜色"面板、"色板"面板、"渐变色板"工具 和"渐变羽化"工具 填充文本及其描边。

图7-125

图7-126

7.1.13 为文本添加效果

选择"选择"工具，选取需要的文本框，如图7-127所示。选择"对象 > 效果 > 透明度"命令，弹出"效果"对话框，在"设置"选项中选取"文本"，如图7-128所示。

图7-127

图7-128

选择"投影"选项，切换到相应的对话框，设置如图7-129所示。单击"确定"按钮，为文本添加阴影效果，如图7-130所示。可以用相同的方法添加其他效果。

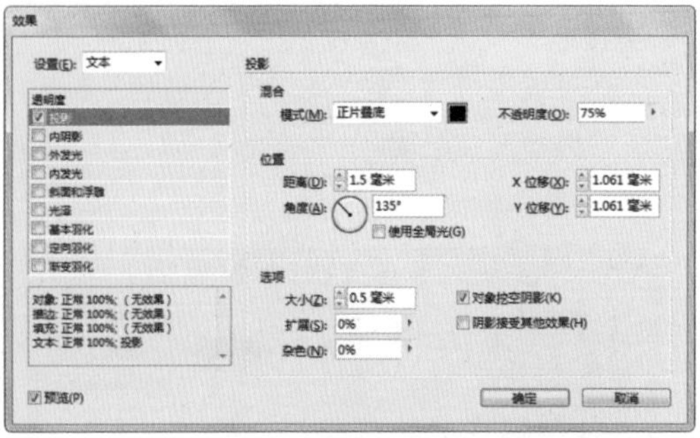

图7-129

图7-130

7.1.14 更改文字的大小写

选择"选择"工具，选取需要的文本框。按<Ctrl>+<T>组合键，弹出"字符"面板，单击面

板右上方的图标，在弹出的菜单中选择"全部大写字母/小型大写字母"命令，使选取的文字全部大写或小型大写，效果如图7-131所示。

原文字　　　　全部大写字母　　　小型大写字母

图7-131

选择"选择"工具，选取需要的文本框。选择"文字 > 更改大小写"命令，在弹出的子菜单中选取需要的命令，效果如图7-132所示。

原文字　　　　　　大写　　　　　　小写

标题大小写　　　　　　　句子大小写

图7-132

7.1.15 直排内横排

选择"文字"工具，选取需要的字符，如图7-133所示。按<Ctrl>+<T>组合键，弹出"字符"面板，单击面板右上方的图标，在弹出的菜单中选择"直排内横排"命令，如图7-134所示，使选取的字符横排，效果如图7-135所示。

图7-133　　　　　　　图7-134

图7-135

7.1.16 为文本添加拼音

选择"文字"工具 T，选择需要的文本，如图7-136所示。单击"字符"面板右上方的 图标，在弹出的菜单中选择"拼音 > 拼音"命令，如图7-137所示，弹出"拼音"对话框。在"拼音"选项中输入拼音字符，要更改"拼音"设置，单击对话框左侧的选项并指定设置，如图7-138所示。单击"确定"按钮，效果如图7-139所示。

图7-136

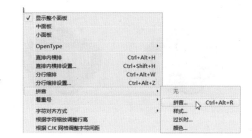

图7-137

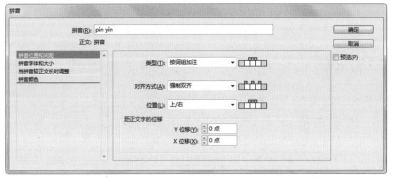

图7-138

图7-139

7.1.17 对齐不同大小的文本

选择"选择"工具 ，选取需要的文本框，如图7-140所示。单击"字符"面板右上方的 图标，在弹出的菜单中选择"字符对齐方式"命令，弹出子菜单，如图7-141所示。

图7-140

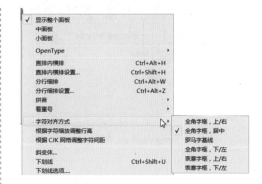

图7-141

在弹出的子菜单中选择需要的对齐方式，让大小不同的文字对齐，效果如图7-142所示。

全角字框，居中　　　　全角字框，上/右　　　　罗马字基线　　　　全角字框，下/左

表意字框，上/右　　　　表意字框，下/左

图7-142

段落格式控制

在InDesign CS6中，可以通过"控制"面板和"段落"面板设置段落的格式。这些格式包括段落间距、首字下沉、段前和段后距等。

选择"文字"工具**T**，单击"控制"面板中的"段落格式控制"按钮**¶**，显示如图7-143所示。

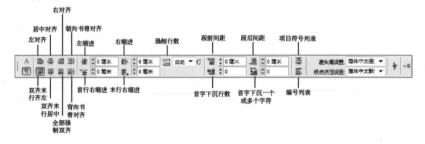

图7-143

选择"窗口 > 文字和表 > 段落"命令，或按 <Ctrl>+<Alt>+<T>组合键，弹出"段落"面板，如图7-144所示。

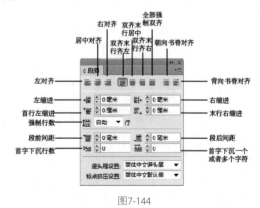

图7-144

7.2.1　调整段落间距

选择"文字"工具T，在需要的段落文本中单击插入光标，如图7-145所示。在"段落"面板中的"段前间距"的文本框中输入需要的数值，如图7-146所示。按<Enter>键确认操作，可调整段落前的间距，效果如图7-147所示。

图7-145　　　　　　　图7-146

图7-147

选择"文字"工具T，在需要的段落文本中单击插入光标，如图7-148所示。在"控制"面板中"段后间距"的文本框中输入需要的数值，如图7-149所示。按<Enter>键确认操作，可调整段落后的间距，效果如图7-150所示。

图7-148　　　　　　　图7-149

图7-150

7.2.2　首字下沉

选择"文字"工具T，在段落文本中单击插入光标，如图7-151所示。在"段落"面板中"首字下沉行数"的文本框中输入需要的数值，如图7-152所示。按<Enter>键确认操作，效果如图7-153所示。

图7-151　　　　　　　图7-152

图7-153

在"首字下沉一个或多个字符"的文本框中输入需要的数值，如图7-154所示。按<Enter>键确认操作，效果如图7-155所示。

图7-154　　　　　　　图7-155

在"控制"面板中"首字下沉行数"或"首字下沉一个或多个字符"的文本框中分别输入需要的数值也可设置首字下沉。

7.2.3　项目符号和编号

项目符号和编号可以让文本看起来更有条理，在InDesign中可以轻松地创建并修改它们，并且可以将项目符号嵌入段落样式中。

1. 创建项目符号和编号

选择"文字"工具 T，选取需要的文本，如图7-156所示。在"控制"面板中单击"段落格式控制"按钮 ¶，单击"项目符号列表"按钮 ▤，效果如图7-157所示。单击"编号列表"按钮 ▤，效果如图7-158所示。

图7-156

图7-157　　　　　　　图7-158

2. 设置编号选项和项目符号

选择"文字"工具 T，选取要重新设置的含编号的文本，如图7-159所示。按住<Alt>键的同时，单击"编号列表"按钮 ▤，或单击"段落"面板右上方的 ▤ 图标，在弹出的菜单中选择"项目符号和编号"命令，弹出"项目符号和编号"对话框，如图7-160所示。

图7-159

图7-160

在"编号样式"选项组中，各选项的介绍如下。

"格式"选项：设置需要的编号类型。

"编号"选项：使用默认表达式，即句号（.）加制表符空格（^t），或者构建自己的编号表达式。

"字符样式"选项：为表达式选取字符样式，将应用到整个编号表达式，而不只是数字。

"模式"选项："从上一个编号继续"按顺序对列表进行编号；"开始位置"从一个数字或在文本框中输入的其他值处开始进行编号。输入数字而非字母，即使列表使用字母或罗马数字来进行编号也是如此。

在"项目符号或编号位置"选项组中，各选项的介绍如下。

"对齐方式"选项：在为编号分配的水平间距内左对齐、居中对齐或右对齐项目符号或编号。

"左缩进"选项：指定第一行之后的行缩进量。

"首行缩进"选项：控制项目符号或编号的位置。

"定位符位置"选项：在项目符号或编号与列表项目的起始处之间生成空格。

设置需要的样式，如图7-161所示。单击"确定"按钮，效果如图7-162所示。

图7-161

图7-162

选择"文字"工具 [T]，选取要重新设置的含项目符号和编号的文本，如图7-163所示。按住 <Alt>键的同时，单击"项目符号列表"按钮 [≣]，或单击"段落"面板右上方的 [≡]图标，在弹出的菜单中选择"项目符号和编号"命令，弹出"项目符号和编号"对话框，如图7-164所示。

图7-163

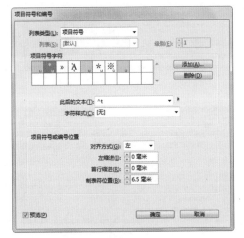

图7-164

在"项目符号字符"选项中，可进行如下操作。

单击"添加"按钮，弹出"添加项目符号"对话框，如图7-165所示。根据不同的字体和字体样式设置不同的符号，选取需要的字符，单击"确定"按钮，即可添加项目符号字符。

选取要删除的字符，单击"删除"按钮，可以删除字符。

其他选项的设置与编号选项对话框中的设置相同，这里不再赘述。

在"添加项目符号"对话框中的设置如图7-166所示。单击"确定"按钮，返回到"项目

符号和编号"对话框中，设置需要的符号样式，如图7-167所示。单击"确定"按钮，效果如图7-168所示。

图7-165

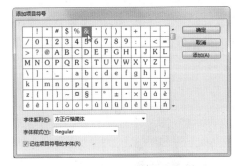

图7-166

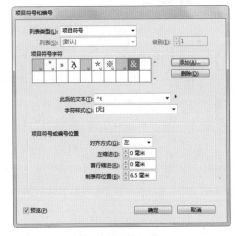

图7-167

图7-168

对齐文本

在InDesign CS6中，可以通过"控制"面板、"段落"面板和定位符对齐文本。下面具体介绍对齐文本的方法和技巧。

7.3.1 课堂案例——制作风景台历

【案例学习目标】学习使用制表符命令制作风景台历。

【案例知识要点】使用置入命令、剪切和贴入内部命令添加风景图片；使用文字工具和制表符命令制作台历日期；使用椭圆工具、直线工具和不透明度选项制作台历挂环，效果如图7-169所示。

【效果所在位置】Ch07/效果/制作风景台历.indd。

图7-169

1．制作台历日期

（1）选择"文件 > 新建 > 文档"命令，弹出"新建文档"对话框，设置如图7-170所示。单击"边距和分栏"按钮，弹出"新建边距和分栏"对话框，设置如图7-171所示，单击"确定"按钮，新建一个页面。选择"视图 > 其他 > 隐藏框架边缘"命令，将所绘制图形的框架边缘隐藏。

（2）选择"文件 > 置入"命令，弹出"置入"对话框，选择本书学习资源中的"Ch07 > 素材 > 制作风景台历 > 01"文件，单击"打开"按钮，在页面空白处单击鼠标左键置入图片。选择"自由变换"工具，将图片拖曳到适当的位置并调整其大小，效果如图7-172所示。

（3）选择"矩形框架"工具，在页面中绘制一个矩形框架，如图7-173所示。选择"选择"工具，选取图片，按<Ctrl>+<X>组合键剪切图片。选取矩形，选择"编辑 > 贴入内部"命令，将图片贴入矩形的内部，效果如图7-174所示。

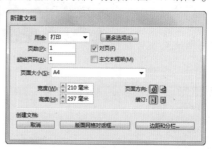

图7-170

图7-171

图7-172

图7-173

图7-174

（4）选择"文字"工具 🅣，在页面中分别拖曳文本框，输入需要的文字，将输入的文字选取，在"控制"面板中选择合适的字体并设置文字大小，如图7-175所示。选取数字"2017"，如图7-176所示。在"控制"面板中将"字距" 🄰🄳 ⬚ 0 ▾ 选项设为240，按<Enter>键，效果如图7-177所示。

图7-175 　　　图7-176 　　　图7-177

（5）选择"矩形"工具 ▣，在适当的位置绘制矩形，如图7-178所示。选择"椭圆"工具 ⬭，在适当的位置绘制椭圆形，设置图形填充色的CMYK值为13、75、45、0，填充图形，设置描边色为无，效果如图7-179所示。连续按<Ctrl>+<[>组合键，将图形向后移动到适当的位置，效果如图7-180所示。

图7-178 　　　图7-179 　　　图7-180

（6）选择"文字"工具 🅣，在页面中拖曳一个文本框，输入需要的文字，将输入的文字选取，在"控制"面板中选择合适的字体并设置文字大小，如图7-181所示。在"控制"面板中将"字距" 🄰🄳 ⬚ 0 ▾ 选项设为1840，按<Enter>键，效果如图7-182所示。

图7-181

图7-182

（7）用相同的方法输入其他文字，如图7-183所示。在"控制"面板中将"行距" 🄰🄰 自动 ▾ 选项设为38，按<Enter>键，效果如图7-184所示。

图7-183 　　　　　图7-184

（8）选择"文字"工具 🅣，选取需要的文字，如图7-185所示。设置文字填充色的CMYK值为13、75、45、0，填充文字，取消文字的选取状态，效果如图7-186所示。用相同的方法选取并填充其他文字，效果如图7-187所示。

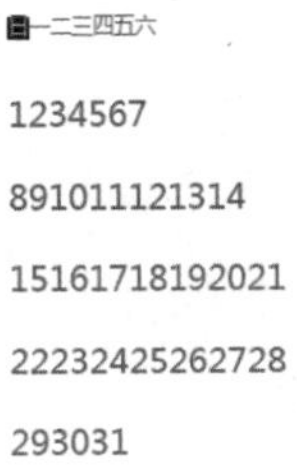

图7-185 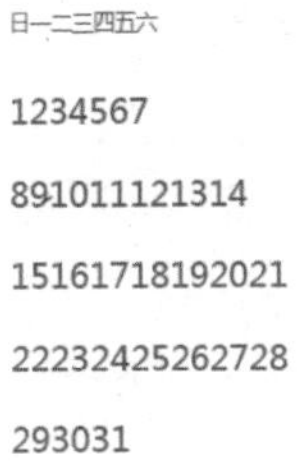　　　图7-186 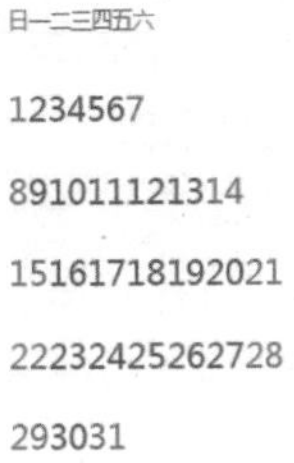　　　图7-187

（9）选择"文字"工具 🅣，将输入的文字同时选取，如图7-188所示。选择"文字 > 制表符"命令，弹出"制表符"面板，如图7-189所示。

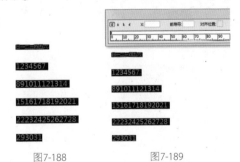

图7-188　　　　　图7-189

（10）单击"居中对齐制表符"按钮 ⬇，并在标尺上单击添加制表符，在"X"文本框中输入21毫米，如图7-190所示。单击面板右上方的 🔲 图标，在弹出的菜单中选择"重复制表符"命令，"制表符"面板如图7-191所示。

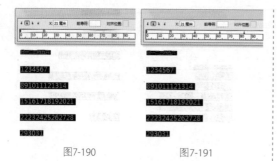

图7-190 图7-191

（11）在适当的位置单击鼠标左键插入光标，按<Tab>键，如图7-192所示。用相同的方法分别在适当的位置插入光标，按<Tab>键，效果如图7-193所示。

图7-192 图7-193

（12）用相同的方法输入其他文字，并将其拖曳到适当的位置，效果如图7-194所示。选择"直线"工具╱，在页面中绘制直线，效果如图7-195所示。

图7-194 图7-195

2．制作台历环

（1）选择"椭圆"工具⬭，按住<Shift>键的同时，在页面中绘制圆形，设置图形填充色的CMYK值为0、0、0、30，填充图形，设置描边色为无，效果如图7-196所示。选择"直线"工具╱，按住<Shift>键的同时，在页面中绘制直线，设置描边色的CMYK值为0、0、0、30，填充描边。在"控制"面板中将"描边粗细" 0.283点 选项设为1点，按<Enter>键，效果如图7-197所示。

（2）选择"选择"工具▶，按住<Shift>键的同时，将直线和圆形同时选取，按<Ctrl>+<G>组合键将其编组，效果如图7-198所示。按住<Alt>+<Shift>组合键的同时，水平向右拖曳图形到适当的位置，复制图形，效果如图7-199所示。

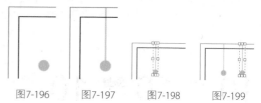

图7-196 图7-197 图7-198 图7-199

（3）连续按<Ctrl>+<Alt>+<4>组合键，按需要再绘制多个图形，效果如图7-200所示。选择"选择"工具▶，按住<Shift>键的同时，将所绘制的图形同时选取，按<Ctrl>+<G>组合键将其编组，在"控制"面板中将"不透明度" 100% 选项设为50点，按<Enter>键，效果如图7-201所示。

图7-200

图7-201

（4）选择"矩形"工具▭，在适当的位置绘制矩形，如图7-202所示。设置图形填充色的CMYK值为13、75、45、0，填充图形，设置描边色为无，效果如图7-203所示。用相同的方法绘制其他矩形，效果如图7-204所示。

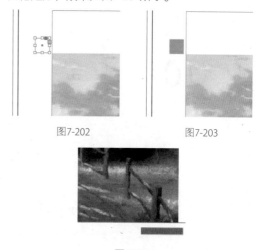

图7-202 图7-203

图7-204

（5）选择"直线"工具 ✎，在适当的位置绘制斜线，设置描边色的CMYK值为13、75、45、0，填充描边，效果如图7-205所示。用相同的方法绘制其他直线，并调整描边粗细，效果如图7-206所示。风景台历制作完成，最终效果如图7-207所示。

图7-205　　　　　图7-206

图7-207

7.3.2　对齐文本

选择"选择"工具 ，选取需要的文本框，如图7-208所示。选择"窗口 > 文字和表 > 段落"命令，弹出"段落"面板，如图7-209所示。单击需要的对齐按钮，效果如图7-210所示。

图7-208

图7-209

左对齐

居中对齐

图7-210

右对齐

双齐末行齐左

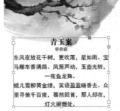

双齐末行居中

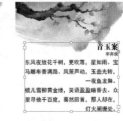

双齐末行齐右

全部强制双齐

朝向书籍对齐

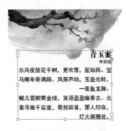

背向书籍对齐

图7-210（续）

7.3.3　设置缩进

选择"文字"工具 T，在段落文本中单击插入光标，如图7-211所示。在"段落"面板中"左缩进" 的文本框中输入需要的数值，如图7-212所示。按<Enter>键确认操作，效果如图7-213所示。

图7-211 图7-212

图7-213

在其他缩进文本框中输入需要的数值,效果如图7-214所示。

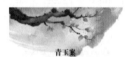 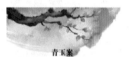

右缩进 首行左缩进

图7-214

选择"文字"工具 T ,在段落文字中单击插入光标,如图7-215所示。在"段落"面板中"末行右缩进" 图 的文本框中输入需要的数值,如图7-216所示。按<Enter>键确认操作,效果如图7-217所示。

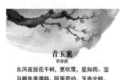 

图7-215 图7-216

图7-217

7.3.4 创建悬挂缩进

选择"文字"工具 T ,在段落文本中单击插入光标,如图7-218所示。在"控制"面板中"左缩进" 图 的文本框中输入大于0的值,按<Enter>键确认操作,效果如图7-219所示。再在"首行左缩进" 图 的文本框中输入一个小于0的值,按<Enter>键确认操作,使文本悬挂缩进,效果如图7-220所示。

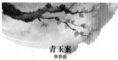 

图7-218 图7-219

图7-220

选择"文字"工具 T ,在要缩进的段落文字前单击插入光标,如图7-221所示。选择"文字 > 插入特殊字符 > 其他 > 在此缩进对齐"命令,如图7-222所示,使文本悬挂缩进,效果如图7-223所示。

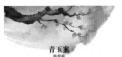

青玉案
辛弃疾

东风夜放花千树，更吹落，星如雨。宝
马雕车香满路。凤箫声动，玉壶光转，
一夜鱼龙舞。

蛾儿雪柳黄金缕，笑语盈盈暗香去。众
里寻他千百度，蓦然回首，那人却在，
灯火阑珊处。

图7-221 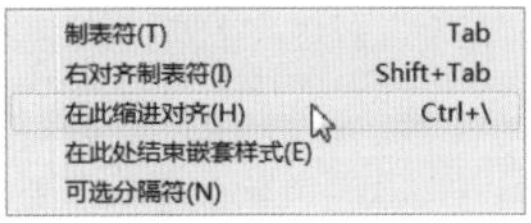　　　　　　　　图7-222

青玉案
辛弃疾

东风夜放花千树，更吹落，星如雨。宝
马雕车香满路。凤箫声动，玉壶光转，
一夜鱼龙舞。

蛾儿雪柳黄金缕，笑语盈盈暗香去。众
里寻他千百度，蓦然回首，那人却在，
灯火阑珊处。

图7-223

7.3.5　制表符

选择"文字"工具 [T] ，选取需要的文本框，如图7-224所示。选择"文字 > 制表符"命令，或按<Shift>+<Ctrl>+<T>组合键，弹出"制表符"面板，如图7-225所示。

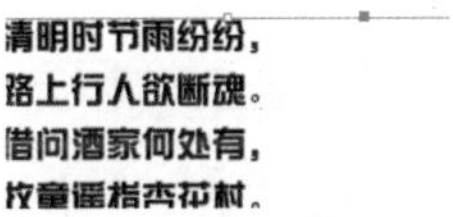

图7-224 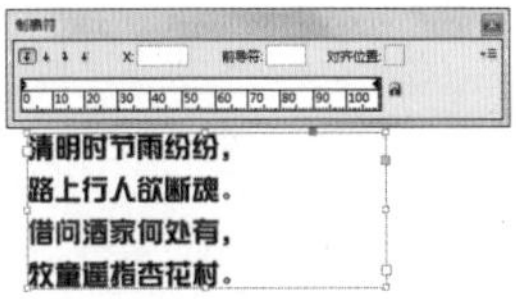　　　　　　　图7-225

1．设置制表符

在标尺上多次单击，设置制表符，如图7-226所示。在段落文本中需要添加制表符的位置单击插入光标，按<Tab>键，调整文本的位置，效果如图7-227所示。

图7-226 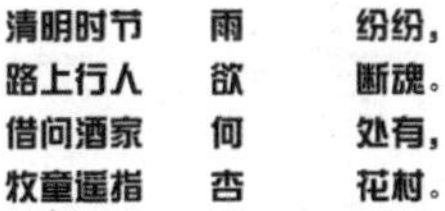　　　　　　　图7-227

2．添加前导符

将所有文字同时选取，在标尺上单击选取

一个已有的制表符，如图7-228所示。在对话框上方的"前导符"文本框中输入需要的字符，按<Enter>键确认操作，效果如图7-229所示。

图7-228　　　　　　　图7-229

3．更改制表符对齐方式

在标尺上单击选取一个已有的制表符，如图7-230所示。单击标尺上方的制表符对齐按钮（这里单击"右对齐制表符"按钮 ），更改制表符的对齐方式，效果如图7-231所示。

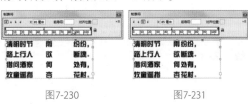

图7-230　　　　　　　图7-231

4．移动制表符位置

在标尺上单击选取一个已有的制表符，如图7-232所示。在标尺上直接将其拖曳到新位置或在"X"文本框中输入需要的数值，移动制表符位置，效果如图7-233所示。

图7-232　　　　　　　图7-233

5．重复制表符

在标尺上单击选取一个已有的制表符，如图7-234所示。单击右上方的 按钮，在弹出的菜单中选择"重复制表符"命令，在标尺上重复当前的制表符设置，效果如图7-235所示。

图7-234

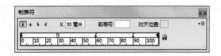

图7-235

6. 删除定位符

在标尺上单击选取一个已有的制表符，如图7-236所示。直接拖曳标尺或单击右上方的按钮，在弹出的菜单中选择“删除制表符”命令，删除选取的制表符，如图7-237所示。

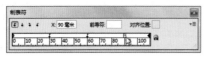

图7-236

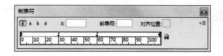

图7-237

单击对话框右上方的按钮，在弹出的菜单中选择“清除全部”命令，恢复为默认的制表符，效果如图7-238所示。

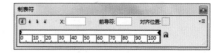

图7-238

7.4 字符样式和段落样式

字符样式是通过一个步骤就可以应用于文本的一系列字符格式属性的集合。段落样式包括字符和段落格式属性，可应用于一个段落，也可应用于某范围内的段落。

7.4.1 创建字符样式和段落样式

1. 打开样式面板

选择“文字 > 字符样式”命令，或按<Shift>+<F11>组合键，弹出“字符样式”面板，如图7-239所示。选择“窗口 > 文字和表 > 字符样式”命令，也可弹出“字符样式”面板。

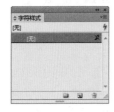

图7-239

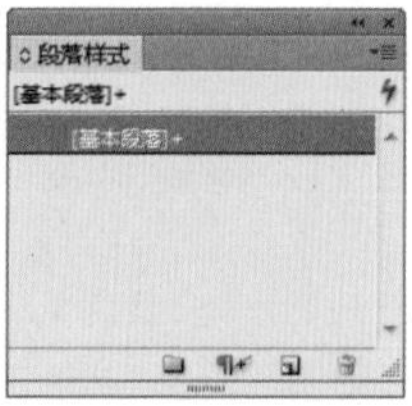

图7-240

选择“文字 > 段落样式”命令，或按<F11>键，弹出“段落样式”面板，如图7-240所示。选择“窗口 > 文字和表 > 段落样式”命令，也可弹出“段落样式”面板。

2. 定义字符样式

单击“字符样式”面板下方的“创建新样式”按钮，在面板中生成新样式，如图7-241所示。双击新样式的名称，弹出“字符样式选项”对话框，如图7-242所示。

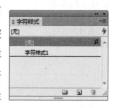

图7-241

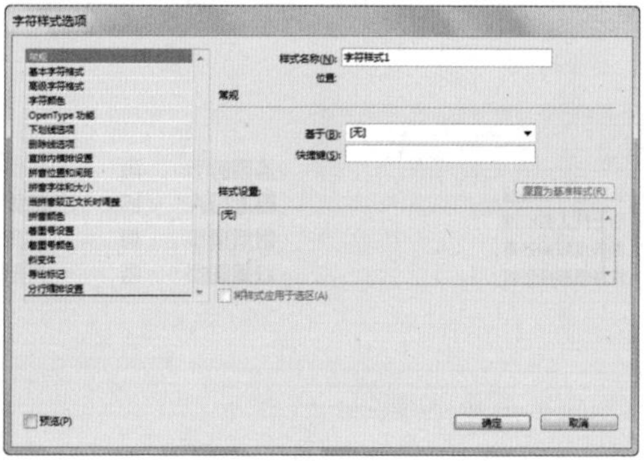

图7-242

"样式名称"选项：在文本框中输入新样式的名称。

"基于"选项：在下拉列表中选择当前样式所基于的样式。使用此选项，可以将样式相互链接，以便一种样式中的变化可以反映到基于它的子样式中。默认情况下，新样式基于[无]或当前任何选定文本的样式。

"快捷键"选项：用于添加键盘快捷键。

"将样式应用于选区"复选框：勾选该选项，将新样式应用于选定文本。

要在其他选项中指定格式属性，单击左侧的某个类别，指定要添加到样式中的属性。完成设置后，单击"确定"按钮即可。

3. 定义段落样式

单击"段落样式"面板下方的"创建新样式"按钮，在面板中生成新样式，如图7-243所示。双击新样式的名称，弹出"段落样式选项"对话框，如图7-244所示。

图7-243

图7-244

除"下一样式"选项外，其他选项的设置与"字符样式选项"对话框相同，这里不

再赘述。

"下一样式"选项：指定按<Enter>键时，在当前样式之后应用的样式。

单击"段落样式"面板右上方的图标，在弹出的菜单中选择"新建段落样式"命令，如图7-245所示，弹出"新建段落样式"对话框，如图7-246所示，也可新建段落样式。其中的选项与"段落样式选项"对话框相同，这里不再赘述。

图7-245

图7-246

> 🔍 **技巧**
>
> 若想在现有文本格式的基础上创建一种新的样式，选择该文本或在该文本中单击插入光标，单击"段落样式"面板下方的"创建新样式"按钮 即可。

7.4.2 编辑字符样式和段落样式

1. 应用字符样式

选择"文字"工具 T，选取需要的字符，如图7-247所示。在"字符样式"面板中单击需要的字符样式名称，如图7-248所示。为选取的字符添加样式，取消文字的选取状态，效果如图7-249所示。

图7-247

图7-248

图7-249

在"控制"面板中单击"快速应用"按钮 ，弹出"快速应用"面板，单击需要的段落样式，或按定义的快捷键，也可为选取的字符添加样式。

2. 应用段落样式

选择"文字"工具 T，在段落文本中单击插入光标，如图7-250所示。在"段落样式"面板中单击需要的段落样式名称，如图7-251所示。为选取的段落添加样式，效果如图7-252所示。

图7-250

图7-251

图7-252

在"控制"面板中单击"快速应用"按钮 ，弹出"快速应用"面板，单击需要的段落样式，或按定义的快捷键，也可为选取的段落添加样式。

3. 编辑样式

在"段落样式"面板中，用鼠标右键单击要编辑的样式名称，在弹出的快捷菜单中选择"编辑'段落样式3'"命令，如图7-253所示，弹出"段落样式选项"对话框，如图7-254所示。设置需要的选项，单击"确定"按钮即可。

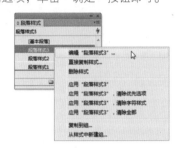

图7-253

图7-254

在"段落样式"面板中，双击要编辑的样式名称，或者在选择要编辑的样式后，单击面板右上方的 图标，在弹出的菜单中选择"样式选项"命令，弹出"段落样式选项"对话框，设置需要的选项，单击"确定"按钮即可。

字符样式的编辑与段落样式相似，这里不再赘述。

单击或双击样式会将该样式应用于当前选定的文本或文本框架，如果没有选定任何文本或文本框架，则会将该样式设置为新框架中输入的任何文本的默认样式。

🔍 提示

要删除所有未使用的样式，在"段落样式"面板中单击右上方的图标，在弹出的菜单中选择"选择所有未使用的"命令，选取所有未使用的样式，单击"删除选定样式/组"按钮。当删除未使用的样式时，不会提示替换该样式。

4. 删除样式

在"段落样式"面板中，选取需要删除的段落样式，如图7-255所示。单击面板下方的"删除选定样式/组"按钮，或单击右上方的图标，在弹出的菜单中选择"删除样式"命令，如图7-256所示，删除选取的段落样式，面板如图7-257所示。

在"字符样式"面板中"删除样式"的方法与段落样式相似，这里不再赘述。

5. 清除段落样式优先选项

当将不属于某个样式的格式应用于这种样式的文本时，此格式称为优先选项。当选择含优先选项的文本时，样式名称旁会显示一个加号（+）。

选择"文字"工具，在有优先选项的文本中单击插入光标，如图7-258所示。单击"段落样式"面板中的"清除选区中的优先选项"按钮，或单击面板右上方的图标，在弹出的菜单中选择"清除优先选项"命令，如图7-259所示，删除段落样式的优先选项，效果如图7-260所示。

图7-255

图7-256

图7-257

在要删除的段落样式上单击鼠标右键，在弹出的快捷菜单中单击"删除样式"命令，也可删除选取的样式。

图7-258

图7-259

图7-260

课堂练习——制作红酒广告

【练习知识要点】使用置入命令、效果面板制作底图；使用文字工具、投影命令制作标题文字；使用矩形工具、直接选择工具、文字工具和段落面板制作区域介绍性文字，效果如图7-261所示。

【素材所在位置】Ch07/素材/制作红酒广告/01~03。

【效果所在位置】Ch07/效果/制作红酒广告.indd。

图7-261

课后习题——制作圣诞节海报

【习题知识要点】使用置入命令置入图片；使用文字工具、切变工具和填充工具制作标题文字；使用文字工具添加宣传文字，效果如图7-262所示。

【素材所在位置】Ch07/素材/制作圣诞节海报/01~04。

【效果所在位置】Ch07/效果/制作圣诞节海报.indd。

图7-262

第 8 章

表格与图层

本章介绍

　　InDesign CS6具有强大的表格和图层编辑功能。通过学习本章的内容，读者可以了解并掌握表格绘制和编辑的方法及图层的操作技巧，还可以快速地创建复杂而美观的表格，并准确地使用图层编辑出需要的版式文件。

学习目标

◆ 掌握表格的使用方法。
◆ 了解图层的操作技巧。

技能目标

◆ 掌握"汽车广告"的制作方法。
◆ 掌握"房地产广告"的制作方法。

表格是由单元格的行和列组成的。单元格类似于文本框架，可在其中添加文本、随文图。下面具体介绍表格的创建和使用方法。

8.1.1 课堂案例——制作汽车广告

【案例学习目标】学习使用文字工具和表格制作汽车广告。

【案例知识要点】使用文字工具添加广告语；使用矩形工具制作装饰矩形；使用插入表命令插入表格并添加文字；使用合并单元格命令合并选取的单元格，效果如图8-1所示。

【效果所在位置】Ch08/效果/制作汽车广告.indd。

图8-1

1. 置入并编辑图片

（1）选择"文件 > 新建 > 文档"命令，弹出"新建文档"对话框，设置如图8-2所示。单击"边距和分栏"按钮，弹出"新建边距和分栏"对话框，设置如图8-3所示，单击"确定"按钮，新建一个页面。选择"视图 > 其他 > 隐藏框架边缘"命令，将所绘制图形的框架边缘隐藏。

（2）选择"矩形"工具，在页面中拖曳鼠标绘制矩形，设置图形填充色的CMYK值为14、14、21、10，填充图形，设置描边色为无，效果如图8-4所示。取消图形的选取状态，按<Ctrl>+<D>组合键，弹出"置入"对话框，选择本书学习资源中的"Ch08 > 素材 > 制作汽车广告 > 01"文件，单击"打开"按钮，在页面空白处单击鼠标左键置入图片。选择"自由变换"工具，将图片拖曳

到适当的位置，效果如图8-5所示。

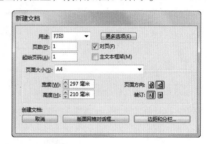

图8-2

图8-3

图8-4

图8-5

（3）选择"选择"工具，按住<Shift>键的同时，将底图和图片同时选取。按<Shift>+<F7>组合键，弹出"对齐"面板，单击

"水平居中对齐"按钮，如图8-6所示，对齐效果如图8-7所示。

图8-6

图8-7

（4）取消图形的选取状态，按<Ctrl>+<D>组合键，弹出"置入"对话框，选择本书学习资源中的"Ch08 > 素材 > 制作汽车广告 > 02"文件，单击"打开"按钮，在页面空白处单击鼠标左键置入图片，选择"自由变换"工具，拖曳图片到适当的位置并调整其大小，效果如图8-8所示。

图8-8

（5）选择"选择"工具，按住<Shift>键的同时，将白色图片和汽车图片同时选取，选择"对齐"面板，单击"水平居中对齐"按钮，对齐效果如图8-9所示。

图8-9

（6）选择"文字"工具，在适当的位置分别拖曳文本框，输入需要的文字。分别选取输入的文字，在"控制"面板中选择合适的字体并设置文字大小。选择"选择"工具，按住<Shift>键的同时，将两个文本框同时选取，效果如图8-10所示。单击工具箱下方的"格式针对文本"按钮，填充文字为白色并设置描边色的CMYK值为100、40、0、50，填充描边，效果如图8-11所示。

图8-10

图8-11

（7）选择"矩形"工具，按住<Shift>键的同时，在适当的位置绘制一个正方形。填充图形为白色并设置描边色的CMYK值为14、14、21、10，填充描边。在"控制"面板中将"描边粗细" 0.283 选项设为6.5点，按<Enter>键，效果如图8-12所示。

（8）取消图形的选取状态，按<Ctrl>+<D>组合键，弹出"置入"对话框，选择本书学习资源中的"Ch08 > 素材 > 制作汽车广告 > 03"文件，单击"打开"按钮，在页面空白处单击鼠标左键置入图片。选择"自由变换"工具，拖曳图片到适当的位置并调整其大小，效果如图8-13所示。

图8-12　　　　　图8-13

（9）保持图片的选取状态，按<Ctrl>+<X>组合键，剪切图片。选择"选择"工具，选择白色矩形，如图8-14所示。选择"编辑 > 贴入内部"命令，将图片贴入矩形的内部，效果如图8-15所示。使用相同的方法置入"04""05"图片制作如图8-16所示的效果。

图8-14 图8-15

图8-16

（10）选择"选择"工具，按住<Shift>键的同时，将需要的图形同时选取，如图8-17所示。分别单击"对齐"面板中的"垂直居中对齐"按钮和"水平居中分布"按钮，效果如图8-18所示。

图8-17

图8-18

（11）选择"文字"工具，在适当的位置拖曳文本框，输入需要的文字。将输入的文字选取，在"控制"面板中选择合适的字体并设置文字大小，如图8-19所示。在"控制"面板中将"行距"选项设置为18，按<Enter>键，效果如图8-20所示。

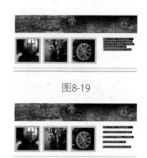

图8-19

图8-20

（12）保持文字的选取状态。按住<Alt>键的同时，单击"控制"面板中的"项目符号列表"，在弹出的对话框中将"列表类型"设为项目符号，单击"添加"按钮，在弹出的"添加项目符号"对话框中选择需要的符号，如图8-21所示。单击"确定"按钮，返回到"项目符号和编号"对话框中，设置如图8-22所示。单击"确定"按钮，效果如图8-23所示。

图8-21

图8-22

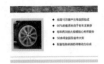

图8-23

2. 绘制并编辑表格

（1）选择"文字"工具 T，在页面中拖曳出一个文本框。选择"表 > 插入表"命令，在弹出的对话框中进行设置，如图8-24所示。单击"确定"按钮，效果如图8-25所示。

图8-24

图8-25

（2）将鼠标指针移到表第一行的下边缘，当鼠标指针变为 图标时，按住鼠标向下拖曳，如图8-26所示，松开鼠标左键，效果如图8-27所示。

图8-26

图8-27

（3）将鼠标指针移到表最后一行的左边缘，当鼠标指针变为 图标时，单击鼠标左键，最后一行被选中，如图8-28所示。选择"表 > 合并单元格"命令，将选取的表格合并，效果如图8-29所示。

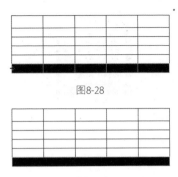

图8-28

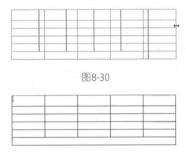

图8-29

（4）将鼠标指针移到表的右边缘，鼠标指针变为 图标，按住<Shift>键的同时，向左拖曳鼠标，如图8-30所示。松开鼠标左键，效果如图8-31所示。

图8-30

图8-31

（5）选择"窗口 > 颜色 > 色板"命令，弹出"色板"面板，单击面板右上方的 图标，在弹出的菜单中选择"新建颜色色板"命令，弹出"新建颜色色板"对话框，选项的设置如图8-32所示。单击"确定"按钮，在"色板"面板中生成新的色板，如图8-33所示。

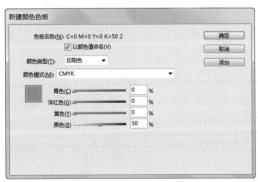

图8-32

图8-33

（6）选择"表 > 表选项 > 交替填色"命令，弹出"表选项"对话框，单击"交替模式"选项右侧的■按钮，在弹出的下拉列表中选择"每隔一行"选项。单击"颜色"选项右侧的■按钮，在弹出的色板中选择刚设置的色板，如图8-34所示。单击"确定"按钮，效果如图8-35所示。

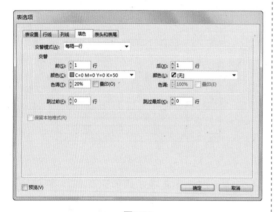

图8-34

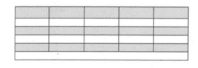

图8-35

3. 添加相关的产品信息

（1）分别在表格中输入需要的文字，使用"文字"工具 T，分别选取表格中的文字，在"控制"面板中选择合适的字体并设置文字大小，效果如图8-36所示。将表格中的文字同时选取，按<Alt>+<Ctrl>+<T>组合键，弹出"段落"面板，单击"居中对齐"按钮 ，如图8-37所示，效果如图8-38所示。

车型名称	乐风 TC 2012 款 1.8TSI 尊贵型	乐风 TC 2012 款 1.8TSI 豪华型	乐风 TC 2012 款 2.0TSI 尊贵型	乐风 TC 2012 款 2.0TSI 豪华型
发动机	1.8T 160 马力 L4	1.8T 160 马力 L4	2.0T 200 马力 L4	2.0T 200 马力 L4
变速箱	7 挡双离合	7 挡双离合	6 挡双离合	6 挡双离合
车身结构	4 门 5 座三厢车	4 门 5 座三厢车	4 门 5 座三厢车	4 门 5 座三厢车
进气形式	涡轮增压	涡轮增压	涡轮增压	涡轮增压
4799*1855*1417				

图8-36

图8-37

车型名称	乐风 TC 2012 款 1.8TSI 尊贵型	乐风 TC 2012 款 1.8TSI 豪华型	乐风 TC 2012 款 2.0TSI 尊贵型	乐风 TC 2012 款 2.0TSI 豪华型
发动机	1.8T 160 马力 L4	1.8T 160 马力 L4	2.0T 200 马力 L4	2.0T 200 马力 L4
变速箱	7 挡双离合	7 挡双离合	6 挡双离合	6 挡双离合
车身结构	4 门 5 座三厢车	4 门 5 座三厢车	4 门 5 座三厢车	4 门 5 座三厢车
进气形式	涡轮增压	涡轮增压	涡轮增压	涡轮增压
4799*1855*1417				

图8-38

（2）选取需要的文字，如图8-39所示。按<Shift>+<F9>组合键，弹出"表"面板，将"列宽"选项设为17毫米，并单击"居中对齐"按钮 ，如图8-40所示，效果如图8-41所示。

车型名称	乐风 TC 2012 款 1.8TSI 尊贵型	乐风 TC 2012 款 1.8TSI 豪华型	乐风 TC 2012 款 2.0TSI 尊贵型	乐风 TC 2012 款 2.0TSI 豪华型
发动机	1.8T 160 马力 L4	1.8T 160 马力 L4	2.0T 200 马力 L4	2.0T 200 马力 L4
变速箱	7 挡双离合	7 挡双离合	6 挡双离合	6 挡双离合
车身结构	4 门 5 座三厢车	4 门 5 座三厢车	4 门 5 座三厢车	4 门 5 座三厢车
进气形式	涡轮增压	涡轮增压	涡轮增压	涡轮增压
4799*1855*1417				

图8-39

图8-40

车型名称	乐风 TC 2012 款 1.8TSI 尊贵型	乐风 TC 2012 款 1.8TSI 豪华型	乐风 TC 2012 款 2.0TSI 尊贵型	乐风 TC 2012 款 2.0TSI 豪华型
发动机	1.8T 160 马力 L4	1.8T 160 马力 L4	2.0T 200 马力 L4	2.0T 200 马力 L4
变速箱	7 挡双离合	7 挡双离合	6 挡双离合	6 挡双离合
车身结构	4 门 5 座三厢车	4 门 5 座三厢车	4 门 5 座三厢车	4 门 5 座三厢车
进气形式	涡轮增压	涡轮增压	涡轮增压	涡轮增压
4799*1855*1417				

图8-41

（3）选取需要的文字，如图8-42所示。在"表"面板中将"列宽"选项设为23.97毫米，并单击"居中对齐"按钮▦，如图8-43所示，效果如图8-44所示。

图8-42

图8-43

图8-44

（4）选取需要的文字，如图8-45所示。在"表"面板中将"行高"选项设为5.3毫米，按<Enter>键，如图8-46所示，效果如图8-47所示。

图8-45

图8-46

图8-47

（5）选取需要的文字，在"表"面板中单击"居中对齐"按钮▦，如图8-48所示，效果如图8-49所示。

图8-48

图8-49

（6）选择"选择"工具▶，选取表格，将其拖曳到适当的位置，如图8-50所示。在页面空白处单击，取消表格的选取状态，汽车广告制作完成，最终效果如图8-51所示。

图8-50

图8-51

8.1.2 表的创建

1. 创建表

选择"文字"工具▣，在需要的位置拖曳文本框或在要创建表的文本框中单击插入光标，如图8-52所示。选择"表 > 插入表"命令，或按<Ctrl>+<Shift>+<Alt>+<T>组合键，弹出"插入表"对话框，如图8-53所示。

图8-52

图8-53

"正文行""列"选项：指定正文行中的水平单元格数及列中的垂直单元格数。

"表头行""表尾行"选项：若表内容跨多个列或多个框架，指定要在其中重复信息的表头行或表尾行的数量。

设置需要的数值，如图8-54所示。单击"确定"按钮，效果如图8-55所示。

图8-54

图8-55

2. 在表中添加文本和图形

选择"文字"工具 **T**，在单元格中单击插入

光标，输入需要的文本。在需要的单元格中单击插入光标，如图8-56所示。选择"文件 > 置入"命令，弹出"置入"对话框。选取需要的图形，单击"打开"按钮，置入需要的图形，效果如图8-57所示。

图8-56   图8-57

选择"选择"工具 ，选取需要的图形，如图8-58所示。按<Ctrl>+<X>组合键（或按<Ctrl>+<C>组合键），剪切（或复制）需要的图形，选择"文字"工具 **T**，在单元格中单击插入光标，如图8-59所示。按<Ctrl>+<V>组合键，将图形粘入表中，效果如图8-60所示。

图8-58   图8-59

图8-60

3. 在表中移动光标

按<Tab>键可以后移一个单元格。若在最后一个单元格中按<Tab>键，则会新建一行。

按<Shift>+<Tab>组合键可以前移一个单元格。如果在第一个单元格中按<Shift>+<Tab>键，插入点将移至最后一个单元格。

如果插入点位于直排表中某行的最后一个单元格的末尾时按向下方向键，则插入点会移至同一行中第一个单元格的起始位置。同样，如果插入点位于直排表中某列的最后一个单元格的末尾时按向左方向键，则插入点会移至同一列中第一个单元格的起始位置。

选择"文字"工具，在表中单击插入光标，如图8-61所示。选择"表 > 转至行"命令，弹出"转至行"对话框，指定要转到的行，如图8-62所示。单击"确定"按钮，效果如图8-63所示。

图8-61

图8-62

图8-63

若当前表中定义了表头行或表尾行，则在菜单中选择"表头"或"表尾"，单击"确定"按钮即可。

8.1.3 选择并编辑表

1. 选择表单元格、行和列或整个表

⊙ 选择单元格

选择"文字"工具，在要选取的单元格内单击，或选取单元格中的文本，选择"表 > 选择 > 单元格"命令，选取单元格。

选择"文字"工具，在单元格中拖动，选取需要的单元格。小心不要拖动行线或列线，否则会改变表的大小。

⊙ 选择整行或整列

选择"文字"工具，在要选取的单元格内单击，或选取单元格中的文本，选择"表 > 选择 > 行/列"命令，选取整行或整列。

选择"文字"工具，将鼠标指针移至表中需要选取的列的上边缘，当鼠标指针变为箭头形状↓时，如图8-64所示，单击鼠标左键，选取整列，如图8-65所示。

姓名	语文	历史	政治
张三	90	85	99
李四	70	90	95
王五	67	89	79

姓名	语文	历史	政治
张三	90	85	99
李四	70	90	95
王五	67	89	79

图8-64　　　　　　图8-65

选择"文字"工具，将鼠标指针移至表中行的左边缘，当鼠标指针变为箭头形状→时，如图8-66所示，单击鼠标左键，选取整行，如图8-67所示。

姓名	语文	历史	政治
张三	90	85	99
李四	70	90	95
王五	67	89	79

姓名	语文	历史	政治
张三	90	85	99
李四	70	90	95
王五	67	89	79

图8-66　　　　　　图8-67

⊙ 选择整个表

选择"文字"工具，直接选取单元格中的文本或在要选取的单元格内单击，插入光标，选择"表 > 选择 > 表"命令，或按<Ctrl>+<Alt>+<A>组合键，选取整个表。

选择"文字"工具，将鼠标指针移至表的左上方，当鼠标指针变为箭头形状↘时，如图8-68所示，单击鼠标左键，选取整个表，如图8-69所示。

姓名	语文	历史	政治
张三	90	85	99
李四	70	90	95
王五	67	89	79

姓名	语文	历史	政治
张三	90	85	99
李四	70	90	95
王五	67	89	79

图8-68　　　　　　图8-69

2. 插入行和列

⊙ 插入行

选择"文字"工具 **T**，在要插入行的前一行或后一行中的任一单元格中单击，插入光标，如图8-70所示。选择"表 > 插入 > 行"命令，或按<Ctrl>+<9>组合键，弹出"插入行"对话框，如图8-71所示。

图8-70　　　　　　　图8-71

在"行数"选项中输入需要插入的行数，指定新行应该显示在当前行的上方还是下方。

设置需要的数值，如图8-72所示，单击"确定"按钮，效果如图8-73所示。

图8-72　　　　　　　图8-73

选择"文字"工具 **T**，在表中的最后一个单元格中单击插入光标，如图8-74所示。按<Tab>键，可插入一行，效果如图8-75所示。

图8-74　　　　　　　图8-75

⊙ 插入列

选择"文字"工具 **T**，在要插入列的前一列或后一列中的任一单元格中单击，插入光标，如图8-76所示。选择"表 > 插入 > 列"命令，或按<Ctrl>+<Alt>+<9>组合键，弹出"插入列"对话框，如图8-77所示。

图8-76　　　　　　　图8-77

在"列数"选项中输入需要插入的列数，指定新列应该显示在当前列的左侧还是右侧。

设置需要的数值，如图8-78所示，单击"确定"按钮，效果如图8-79所示。

图8-78

图8-79

⊙ 插入多行和多列

选择"文字"工具 **T**，在表中任一位置单击插入光标，如图8-80所示。选择"表 > 表选项 > 表设置"命令，弹出"表选项"对话框，如图8-81所示。

图8-80

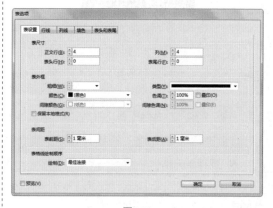

图8-81

在"表尺寸"选项组中的"正文行""表头行""列""表尾行"选项中输入新表的行数和列数,可将新行添加到表的底部,新列则添加到表的右侧。

设置需要的数值,如图8-82所示,单击"确定"按钮,效果如图8-83所示。

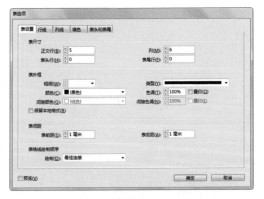

图8-82

姓名	语文	历史	政治		
张三	90	85	99		
李四	70	90	95		
王五	67	89	79		

图8-83

选择"文字"工具 **T**,在表中任一位置单击插入光标,如图8-84所示。选择"窗口 > 文字和表 > 表"命令,或按<Shift>+<F9>组合键,弹出"表"面板,如图8-85所示。在"行数"和"列数"选项中分别输入需要的数值,如图8-86所示,按<Enter>键,效果如图8-87所示。

姓名	语文	历史	政治
张三	90	85	99
李四	70	90	95
王五	67	89	79

图8-84

图8-85

图8-86

姓名	语文	历史	政治
张三	90	85	99
李四	70	90	95
王五	67	89	79

图8-87

⊙ 通过拖曳的方式插入行或列

选择"文字"工具 **T**,将光标放置在要插入列的前一列边框上,光标变为 ↔ 图标,如图8-88所示。按住<Alt>键向右拖曳鼠标,如图8-89所示,松开鼠标左键,效果如图8-90所示。

姓名	语文	历史	政治
张三	90	85	↔ 99
李四	70	90	95
王五	67	89	79

图8-88

姓名	语文	历史	政治	
张三	90	85	99	↔
李四	70	90	95	
王五	67	89	79	

图8-89

姓名	语文	历史		政治
张三	90	85		99
李四	70	90		95
王五	67	89		79

图8-90

选择"文字"工具 **T**,将光标放置在要插入行的前一行的边框上,光标变为 ↕ 图标,如图8-91所示。按住<Alt>键向下拖曳鼠标,如图8-92所示,松开鼠标,效果如图8-93所示。

姓名	语文	历史	政治
张三	90	85	99
李四	70	90 ↕	95
王五	67	89	79

图8-91

姓名	语文	历史	政治
张三	90	85	99
李四	70	90	95
王五	67	89 ↕	79

图8-92

姓名	语文	历史	政治
张三	90	85	99
李四	70	90	95
王五	67	89	79

图8-93

🔍**注意**

对于横排表中表的上边缘或左边缘，或者对于直排表中表的上边缘或右边缘，不能通过拖曳来插入行或列，这些区域用于选择行或列。

3. 删除行、列或表

选择"文字"工具 **T**，在要删除的行、列或表中单击，或选取表中的文本。选择"表 > 删除 > 行、列或表"命令，删除行、列或表。

选择"文字"工具 **T**，在表中任一位置单击插入光标。选择"表 > 表选项 > 表设置"命令，弹出"表选项"对话框，在"表尺寸"选项组中输入新的行数和列数，单击"确定"按钮，可删除行、列和表。行从表的底部被删除，列从表的左侧被删除。

选择"文字"工具 **T**，将光标放置在表的下边框或右边框上，当光标显示为 ↕ 或 ↔ 图标时按住鼠标左键，在向上拖曳或向左拖曳时按住<Alt>键，分别删除行或列。

8.1.4 设置表的格式

1. 调整行、列或表的大小

⊙ **调整行和列的大小**

选择"文字"工具 **T**，在要调整行或列的任一单元格中单击插入光标，如图8-94所示。选择"表 > 单元格选项 > 行和列"命令，弹出"单元格选项"对话框，如图8-95所示。在"行高"和"列宽"选项中输入需要的行高和列宽数值，如图8-96所示。单击"确定"按钮，效果如图8-97所示。

图8-95

图8-96

姓名	语文	历史	政治
张三	90	85	99
李四	70	90	95
王五	67	89	79

图8-97

选择"文字"工具 **T**，在行或列的任一单元格中单击插入光标，如图8-98所示。选择"窗口 > 文字和表 > 表"命令，或按<Shift>+<F9>组合键，弹出"表"面板，如图8-99所示。在"行高"和"列宽"选项中分别输入需要的数值，如图

姓名	语文	历史	政治
张三	90	85	99
李四	70	90	95
王五	67	89	79

图8-94

8-100所示。按<Enter>键，效果如图8-101所示。

姓名	语文	历史	收治
张三	90	85	99
李四	70	90	95
王五	67	89	79

图8-98

图8-99　　　　　　图8-100

姓名	语文	历史	收治
张三	90	85	99
李四	70	90	95
王五	67	89	79

图8-101

选择"文字"工具 T，将光标放置在列或行的边缘上，当光标变为↔或↕图标时，向左或向右拖曳以增加或减小列宽，向上或向下拖曳以增加或减小行高。

⊙ 在不改变表宽的情况下调整行高和列宽

选择"文字"工具 T，将光标放置在要调整列宽的列边缘上，光标变为↔图标，如图8-102所示。按住<Shift>键的同时向右（或向左）拖曳鼠标，如图8-103所示，增大（或减小）列宽，效果如图8-104所示。

姓名	语文	历史	收治
张三	90	85	99
李四	70 ↔	90	95
王五	67	89	79

图8-102

姓名	语文	历史	收治
张三	90	85	99
李四	70 ↔	90	95
王五	67	89	79

图8-103

姓名	语文	历史	收治
张三	90	85	99
李四	70	90	95
王五	67	89	79

图8-104

选择"文字"工具 T，将光标放置在要调整行高的行边缘上，用相同的方法上下拖曳鼠标，可在不改变表高的情况下改变行高。

选择"文字"工具 T，将光标放置在表的下边缘，光标变为↕图标，如图8-105所示。按住<Shift>键向下（或向上）拖曳鼠标，如图8-106所示，增大（或减小）行高，如图8-107所示。

姓名	语文	历史	收治
张三	90	85	99
李四	70	90	95
王五	67	89	79

图8-105

姓名	语文	历史	收治
张三	90	85	99
李四	70	90	95
王五	67	89	79

图8-106

姓名	语文	历史	收治
张三	90	85	99
李四	70	90	95
王五	67	89	79

图8-107

选择"文字"工具 T，将光标放置在表的右边缘，用相同的方法左右拖曳鼠标，可在不改变表高的情况下按比例改变列宽。

⊙ 调整整个表的大小

选择"文字"工具 T，将光标放置在表的右下角，光标变为↘图标，如图8-108所示。向右下方（或向左上方）拖曳鼠标，如图8-109所示，增大（或减小）表的大小，效果如图8-110所示。

姓名	语文	历史	收治
张三	90	85	99
李四	70	90	95
王五	67	89	79

图8-108

姓名	语文	历史	收治
张三	90	85	99
李四	70	90	95
王五	67	89	79

图8-109

姓名	语文	历史	政治
张三	90	85	99
李四	70	90	95
王五	67	89	79

图8-110

⊙ 均匀分布行和列

选择"文字"工具 **T**，选取要均匀分布的行，如图8-111所示。选择"表 > 均匀分布行"命令，均匀分布选取的单元格所在的行，取消文字的选取状态，效果如图8-112所示。

姓名	语文	历史	政治
张三	90	85	99
李四	70	90	95
王五	67	89	79

图8-111

姓名	语文	历史	政治
张三	90	85	99
李四	70	90	95
王五	67	89	79

图8-112

选择"文字"工具 **T**，选取要均匀分布的列，如图8-113所示。选择"表 > 均匀分布列"命令，均匀分布选取的单元格所在的列，取消文字的选取状态，效果如图8-114所示。

姓名	语文	历史	政治
张三	90	85	99
李四	70	90	95
王五	67	89	79

图8-113

姓名	语文	历史	政治
张三	90	85	99
李四	70	90	95
王五	67	89	79

图8-114

2. 设置表中文本的格式

⊙ 更改表单元格中文本的对齐方式

选择"文字"工具 **T**，选取要更改文字对齐方式的单元格，如图8-115所示。选择"表 > 单元格选项 > 文本"命令，弹出"单元格选项"对话框，如图8-116所示，在"垂直对齐"选项组中分别选取需要的对齐方式，单击"确定"按钮，效果如图8-117所示。

姓名	语文	历史	政治
张三	90	85	99
李四	70	90	95
王五	67	89	79

图8-115

图8-116

姓名	语文	历史	政治
张三	90	85	99
李四	70	90	95
王五	67	89	79

上对齐

姓名	语文	历史	政治
张三	90	85	99
李四	70	90	95
王五	67	89	79

居中对齐（原）

姓名	语文	历史	政治
张三	90	85	99
李四	70	90	95
王五	67	89	79

下对齐

姓名	语文	历史	政治
张三	90	85	99
李四	70	90	95
王五	67	89	79

撑满

图8-117

⊙ 旋转单元格中的文本

选择"文字"工具 **T**，选取要旋转文字的单元格，如图8-118所示。选择"表 > 单元格选项 > 文本"命令，弹出"单元格选项"对话框，在"文本旋转"选项组中的"旋转"选项中选取需要的旋转角度，如图8-119所示，单击"确定"按钮，效果如图8-120所示。

姓名	语文	历史	政治
张三	90	85	99
李四	70	90	95
王五	67	89	79

图8-118

图8-119

姓名	语文	历史	政治
张三	90	85	99
李四	70	90	95
王五	67	89	79

图8-120

3. 合并和拆分单元格

⊙ 合并单元格

选择"文字"工具 T，选取要合并的单元格，如图8-121所示。选择"表 > 合并单元格"命令，合并选取的单元格，取消选取状态，效果如图8-122所示。

成绩单			
姓名	语文	历史	政治
张三	90	85	99
李四	70	90	95
王五	67	89	79

图8-121

成绩单			
姓名	语文	历史	政治
张三	90	85	99
李四	70	90	95
王五	67	89	79

图8-122

选择"文字"工具 T，在合并后的单元格中单击插入光标，如图8-123所示。选择"表 > 取消合并单元格"命令，可取消单元格的合并，效果如图8-124所示。

成绩单			
姓名	语文	历史	政治
张三	90	85	99
李四	70	90	95
王五	67	89	79

图8-123

成绩单			
姓名	语文	历史	政治
张三	90	85	99
李四	70	90	95
王五	67	89	79

图8-124

⊙ 拆分单元格

选择"文字"工具 T，选取要拆分的单元格，如图8-125所示。选择"表 > 水平拆分单元格"命令，水平拆分选取的单元格，取消选取状态，效果如图8-126所示。

成绩单			
姓名	语文	历史	政治
张三	90	85	99
李四	70	90	95
王五	67	89	79

图8-125

成绩单			
姓名	语文	历史	政治
张三		90	85	99
李四	70	90	95
王五	67	89	79

图8-126

选择"文字"工具 T，选取要拆分的单元格，如图8-127所示。选择"表 > 垂直拆分单元格"命令，垂直拆分选取的单元格，取消选取状态，效果如图8-128所示。

成绩单			
姓名	语文	历史	政治
张三	90	85	99
李四	70	90	95
王五	67	89	79

图8-127

成绩单						
姓名	语文		历史		政治	
张三	90		85		99	
李四	70		90		95	
王五	67		89		79	

图8-128

8.1.5 表格的描边和填色

1. 更改表边框的描边和填色

选择"文字"工具 T，在表中单击插入光标，如图8-129所示。选择"表 > 表选项 > 表设置"命令，弹出"表选项"对话框，如图8-130所示。

成绩单			
姓名	语文	历史	政治
张三	90	85	99
李四	70	90	95
王五	67	89	79

图8-129

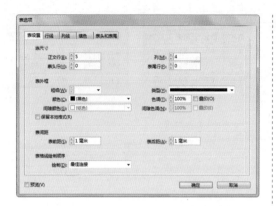

图8-130

"表外框"选项组：指定表框所需的粗细、类型、颜色、色调和间隙颜色。

"保留本地格式"选项：个别单元格的描边格式不被覆盖。

设置需要的数值，如图8-131所示，单击"确定"按钮，效果如图8-132所示。

图8-131

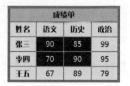

图8-132

2. 为单元格添加描边和填色

⊙ 使用单元格选项添加描边和填色

选择"文字"工具 T ，在表中选取需要的单元格，如图8-133所示。选择"表 > 单元格选项 > 描边和填色"命令，弹出"单元格选项"对话框，如图8-134所示。

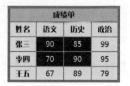

图8-133

图8-134

在"单元格描边"选项组中的预览区域中单击蓝色线条，可以取消线条的选取状态，线条呈灰色状态将不能描边。在其他选项中指定线条所需的粗细、类型、颜色、色调和间隙颜色。

在"单元格填色"选项组中指定单元格所需的颜色和色调。

设置需要的数值，如图8-135所示，单击"确定"按钮，取消选取状态，如图8-136所示。

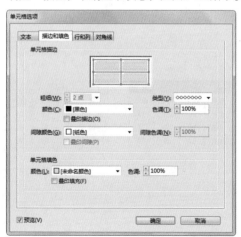

图8-135

成绩单			
姓名	语文	历史	政治
张三	90	85	99
李四	70	90	95
王五	67	89	79

图8-136

⊙ 使用描边面板添加描边

选择“文字”工具T，在表中选取需要的单元格，如图8-137所示。选择“窗口 > 描边”命令，或按<F10>键，弹出“描边”面板，在预览区域中取消不需要添加描边的线条，其他选项的设置如图8-138所示。按<Enter>键取消选取状态，效果如图8-139所示。

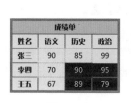

成绩单			
姓名	语文	历史	政治
张三	90	85	99
李四	70	90	95
王五	67	89	79

图8-137

图8-138

成绩单			
姓名	语文	历史	政治
张三	90	85	99
李四	70	90	95
王五	67	89	79

图8-139

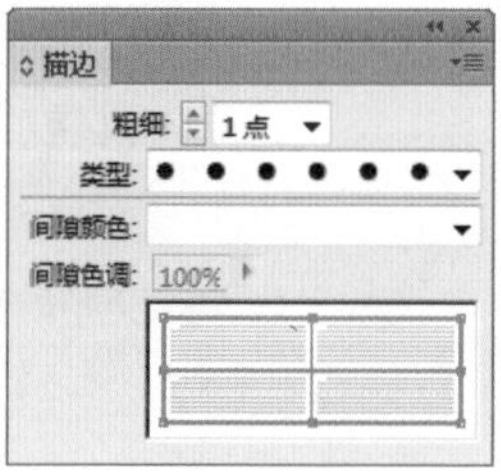

3. 为单元格添加对角线

选择“文字”工具T，在要添加对角线的单元格中单击插入光标，如图8-140所示。选择“表> 单元格选项 > 对角线”命令，弹出“单元格选项”对话框，如图8-141所示。

成绩单			
	语文	历史	政治
张三	90	85	99
李四	70	90	95
王五	67	89	79

图8-140

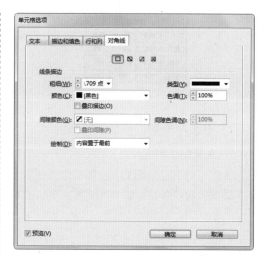

图8-141

单击要添加的对角线类型按钮：包括从左上角到右下角的对角线按钮、从右上角到左下角的对角线按钮、交叉对角线按钮。在“线条描边”选项组中指定对角线所需的粗细、类型、颜色和间隙；指定“色调”百分比和“叠印描边”选项。

“绘制”选项：选择“对角线置于最前”将对角线放置在单元格内容的前面；选择“内容置于最前”将对角线放置在单元格内容的后面。

设置需要的数值，如图8-142所示，单击“确定”按钮，效果如图8-143所示。

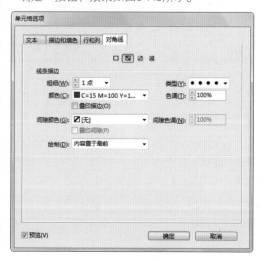

图8-142

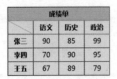

图8-143

4. 在表中交替进行描边和填色

⊙ 为表添加交替描边

选择"文字"工具 $\boxed{T}$，在表中单击插入光标，如图8-144所示。选择"表 > 表选项 > 交替行线"命令，弹出"表选项"对话框，在"交替模式"选项中选取需要的模式类型，激活下方选项，如图8-145所示。

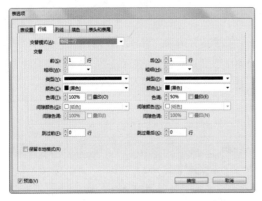

图8-144

图8-145

在"交替"选项组中设置第一种模式和后续模式描边或填色选项。

在"跳过前"和"跳过最后"选项中指定表的开始和结束处不显示描边属性的行数或列数。

设置需要的数值，如图8-146所示。单击"确定"按钮，效果如图8-147所示。

选择"文字"工具 $\boxed{T}$，在表中单击插入光标，选择"表 > 表选项 > 交替列线"命令，弹出"表选项"对话框，用相同的方法设置选项，可以为表添加交替列线。

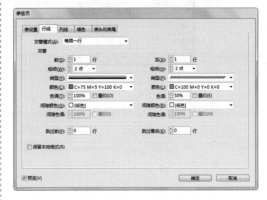

图8-146

图8-147

⊙ 为表添加交替填充

选择"文字"工具 $\boxed{T}$，在表中单击插入光标，如图8-148所示。选择"表 > 表选项 > 交替填色"命令，弹出"表选项"对话框，在"交替模式"选项中选取需要的模式类型，激活下方选项。设置需要的数值，如图8-149所示。单击"确定"按钮，效果如图8-150所示。

图8-148

图8-149

成绩单			
	语文	历史	政治
张三	90	85	99
李四	70	90	95
王五	67	89	79

图8-150

⊙ 关闭表中的交替描边和交替填色

选择"文字"工具 **T**，在表中单击插入光标，选择"表 > 表选项 > 交替填色"命令，弹出"表选项"对话框，在"交替模式"选项中选取"无"，单击"确定"按钮，即可关闭表中的交替填色。

8.2　图层的操作

在InDesign CS6中，使用多个图层可以创建和编辑文档中的特定区域，而不会影响其他区域或其他图层的内容。下面具体介绍图层的使用方法和操作技巧。

8.2.1　课堂案例——制作房地产广告

【案例学习目标】学习使用置入命令、文字工具和图层面板制作房地产广告。

【案例知识要点】使用置入命令、矩形工具和贴入内部命令制作背景；使用文字工具添加宣传语和信息栏；使用图层面板创建多个图层，效果如图8-151所示。

【效果所在位置】Ch08/效果/制作房地产广告.indd。

图8-151

1. 制作背景

（1）选择"文件 > 新建 > 文档"命令，弹出"新建文档"对话框，设置如图8-152所示。单击"边距和分栏"按钮，弹出"新建边距和分栏"对话框，设置如图8-153所示。单击"确定"按钮，新建一个页面。选择"视图 > 其他 > 隐藏框

架边缘"命令，将所绘制图形的框架边缘隐藏。

图8-152

图8-153

（2）选择"窗口 > 图层"命令，弹出"图层"面板，双击"图层1"，弹出"图层选项"对话框，选项的设置如图8-154所示。单击"确定"按钮，"图层"面板显示如图8-155所示。

图8-154

图8-155

（3）选择"文件 > 置入"命令，弹出"置入"对话框，选择本书学习资源中的"Ch08 > 素材 > 制作房地产广告 > 01"文件，单击"打开"按钮，在页面空白处单击鼠标左键置入图片。选择"自由变换"工具 ，将图片拖曳到适当的位置并调整其大小，效果如图8-156所示。

（4）选择"矩形"工具 ，在页面中绘制矩形，如图8-157所示。选择"选择"工具 ，选取图片，按<Ctrl>+<X>组合键剪切图片。选取矩形，选择"编辑 > 贴入内部"命令，将图片贴入矩形的内部，效果如图8-158所示。

图8-156　　　　　图8-157

图8-158

（5）选择"矩形"工具 ，在适当的位置绘制矩形，如图8-159所示。设置图形填充色的CMYK值为100、80、0、0，填充图形，设置描边色为无，效果如图8-160所示。

图8-159　　　　　图8-160

（6）单击"图层"面板右上方的 图标，在弹出的菜单中选择"新建图层"命令，弹出"新建图层"对话框，设置如图8-161所示。单击"确定"按钮，新建"LOGO"图层，如图8-162所示。

（7）选择"文件 > 置入"命令，弹出"置入"对话框，选择本书学习资源中的"Ch08 > 素材 > 制作房地产广告 > 02"文件，单击"打开"按钮，在页面空白处单击鼠标左键置入图片。选择"自由变换"工具 ，将图片拖曳到适当的位置并调整其大小，效果如图8-163所示。

图8-161

图8-162　　　　　图8-163

2. 添加宣传语和信息栏

（1）单击"图层"面板右上方的 图标，在弹出的菜单中选择"新建图层"命令，弹出"新建图层"对话框，设置如图8-164所示。单击"确定"按钮，新建"文案"图层，如图8-165所示。

图8-164

图8-165

（2）选择"文字"工具 T，在页面中拖曳一个文本框，输入需要的文字，将输入的文字选取，在"控制"面板中选择合适的字体并设置文字大小，如图8-166所示。设置文字填充色的CMYK值为100、80、0、0，填充文字，效果如图8-167所示。

图8-166   图8-167

（3）选择"文字"工具 T，在页面中拖曳一个文本框，输入需要的文字，将输入的文字选取，在"控制"面板中选择合适的字体并设置文字大小，填充文字为白色，效果如图8-168所示。

图8-168

（4）在"图层"面板中选取需要的图层，如图8-169所示。选择"矩形"工具，绘制矩

形，如图8-170所示。设置图形填充色的CMYK值为100、80、0、0，填充图形，设置描边色为无，效果如图8-171所示。

图8-169   图8-170

图8-1/1

（5）在"图层"面板中选取需要的图层，如图8-172所示。选择"文字"工具 T，在页面中拖曳一个文本框，输入需要的文字，将输入的文字选取，在"控制"面板中选择合适的字体并设置文字大小，效果如图8-173所示。在"控制"面板中将"行距"选项设为14，按<Enter>键，效果如图8-174所示。

图8-172

比一比您就知道了!   比一比您就知道了!

图8-173   图8-174

（6）选择"文字"工具 T，在页面中拖曳一个文本框，输入需要的文字，将输入的文字选取，在"控制"面板中选择合适的字体并设置文字大小。设置文字填充色的CMYK值为100、80、0、0，填充文字，效果如图8-175所示。

图8-175

（7）选择"文字"工具 T，在适当的位置单

击插入光标，如图8-176所示。选择"文字 > 字形"命令，弹出"字形"面板，在面板下方设置需要的字体和字体样式，选取需要的字符，如图8-177所示。

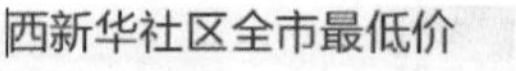

西新华社区全市最低价

图8-176

图8-177

（8）双击字符图标在文本框中插入字形，效果如图8-178所示。用相同的方法插入其他字形，效果如图8-179所示。

西新华社区全市最低价

图8-178

西新华社区全市最低价

图8-179

（9）单击"图层"面板右上方的图标，在弹出的菜单中选择"新建图层"命令，弹出"新建图层"对话框，设置如图8-180所示。单击"确定"按钮，新建"信息栏"图层，如图8-181所示。

图8-180

图8-181

（10）选择"文件 > 置入"命令，弹出"置

入"对话框，选择本书学习资源中的"Ch08 > 素材 > 制作房地产广告 > 03"文件，单击"打开"按钮，在页面空白处单击鼠标左键置入图片。选择"自由变换"工具，将图片拖曳到合适的位置并调整其大小，效果如图8-182所示。

图8-182

（11）选择"文字"工具，在页面中拖曳一个文本框，输入需要的文字，将输入的文字选取，在"控制"面板中选择合适的字体并设置文字大小，填充文字为白色，效果如图8-183所示。用相同的方法分别置入图片并输入其他文字及字形，最终效果如图8-184所示。房地产广告制作完成。

图8-183   图8-184

8.2.2 创建图层并指定图层选项

选择"窗口 > 图层"命令，弹出"图层"面板，如图8-185所示。单击面板右上方的图标，在弹出的菜单中选择"新建图层"命令，如图8-186所示，弹出"新建图层"对话框，如图8-187所示。设置需要的选项，单击"确定"按钮，"图层"面板如图8-188所示。

图8-185

图8-186

图8-187

图8-188

在"新建图层"对话框中，各选项的介绍如下。

"名称"选项：输入图层的名称。

"颜色"选项：指定颜色以标识该图层上的对象。

"显示图层"选项：使图层可见并可打印。与在"图层"面板中使眼睛图标可见的效果相同。

"显示参考线"选项：使图层上的参考线可见。如果未选此选项，即未选择"视图 > 网格和参考线 > 显示参考线"命令，参考线不可见。

"锁定图层"选项：防止对图层上的任何对象进行更改。与在"图层"面板中使交叉铅笔图标可见的效果相同。

"锁定参考线"选项：防止对图层上的所有标尺参考线进行更改。

"打印图层"选项：允许图层被打印。当打印或导出至PDF时，可以决定是否打印隐藏图层和非打印图层。

"图层隐藏时禁止文本绕排"选项：在图层处于隐藏状态并且该图层包含应用了文本绕排的文本时，若选择此选项，可使其他图层上的文本正常排列。

在"图层"面板中单击"创建新图层"按钮，可以创建新图层。双击该图层，弹出"图层选项"对话框，设置需要的选项，单击"确定"按钮，可编辑图层。

提示

若要在选定图层的下方创建一个新图层，按住<Ctrl>键的同时，单击"创建新图层"按钮即可。

8.2.3 在图层上添加对象

在"图层"面板中选取要添加对象的图层，使用置入命令可以在选取的图层上添加对象。直接在页面中绘制需要的图形，也可添加对象。

提示

在隐藏或锁定的图层上是无法绘制或置入新对象的。

8.2.4 编辑图层上的对象

1. 选择图层上的对象

选择"选择"工具，可选取任意图层上的图形对象。

按住<Alt>键的同时，单击"图层"面板中的图层，可选取当前图层上的所有对象。

2. 移动图层上的对象

选择"选择"工具，选取要移动的对象，如图8-189所示。在"图层"面板中拖曳图层列表右侧的彩色点到目标图层，如图8-190所示，将选定对象移动到另一个图层。当再次选取对象时，选取状态如图8-191所示，"图层"面板如图8-192所示。

图8-189

图8-190

161

图8-191   图8-192

选择"选择"工具 ▶，选取要移动的对象，如图8-193所示。按<Ctrl>+<X>组合键剪切图形，在"图层"面板中选取要移动到的目标图层，如图8-194所示。按<Ctrl>+<V>组合键粘贴图形，效果如图8-195所示。

图8-193   图8-194

图8-195

3. 复制图层上的对象

选择"选择"工具 ▶，选取要复制的对象，如图8-196所示。按住<Alt>键的同时，在"图层"面板中拖曳图层列表右侧的彩色点到目标图层，如图8-197所示，将选定的对象复制到另一个图层。微移复制的图形，效果如图8-198所示。

图8-196

图8-197   图8-198

🔍 技巧

按住<Ctrl>键的同时，拖曳图层列表右侧的彩色点，可将选定对象移动到隐藏或锁定的图层；按住<Ctrl>+<Alt>键的同时，拖曳图层列表右侧的彩色点，可将选定对象复制到隐藏或锁定的图层。

8.2.5   更改图层的顺序

在"图层"面板中选取要调整的图层，如图8-199所示。按住鼠标左键将其拖曳到需要的位置，如图8-200所示。松开鼠标后的效果如图8-201所示。

图8-199

图8-200   图8-201

也可同时选取多个图层，调整图层的顺序。

8.2.6   显示或隐藏图层

在"图层"面板中选取要隐藏的图层，如图8-202所示，原效果如图8-203所示。单击图层列表左侧的眼睛图标 👁，隐藏该图层，"图层"面板如图8-204所示，效果如图8-205所示。

图8-202   图8-203

图8-204   图8-205

在"图层"面板中选取要显示的图层，如图8-206所示，原效果如图8-207所示。单击面板右上方的图标，在弹出的菜单中选择"隐藏其他"命令，可隐藏除选取图层外的所有图层。"图层"面板如图8-208所示，效果如图8-209所示。

图8-206　　　　图8-207

图8-208　　　　图8-209

在"图层"面板中单击右上方的图标，在弹出的菜单中选择"显示全部图层"命令，可显示所有图层。隐藏的图层不能被编辑，且不会显示在屏幕上，打印时也不显示。

8.2.7　锁定或解锁图层

在"图层"面板中选取要锁定的图层，如图8-210所示。单击图层列表左侧的空白方格，如图8-211所示，显示锁定图标锁定图层，面板如图8-212所示。

图8-210　　　　图8-211

图8-212

在"图层"面板中选取不要锁定的图层，如图8-213所示。单击面板右上方的图标，在弹出的菜单中选择"锁定其他"命令，如图8-214所示，可锁定除选取图层外的所有图层。"图层"面板如图8-215所示。

图8-213

图8-214

图8-215

在"图层"面板中单击右上方的图标，在弹出的菜单中选择"解锁全部图层"命令，可解除所有图层的锁定。

8.2.8　删除图层

在"图层"面板中选取要删除的图层，如图8-216所示，原效果如图8-217所示。单击面板下方的"删除选定图层"按钮，删除选取的图层。"图层"面板如图8-218所示，效果如图8-219所示。

图8-216　　　　图8-217

图8-218　　　　　　　图8-219

在"图层"面板中选取要删除的图层，单击面板右上方的图标，在弹出的菜单中选择"删除图层'图层名称'"命令，可删除选取的图层。

按住<Ctrl>键的同时，在"图层"面板中单击选取多个要删除的图层，单击面板中的"删除选定图层"按钮或使用面板菜单中的"删除图层'图层名称'"命令，可删除多个图层。

🔍 提示

要删除所有空图层，可单击"图层"面板右上方的图标，在弹出的菜单中选择"删除未使用的图层"命令。

📝 课堂练习——制作购物节海报

【练习知识要点】使用置入命令置入素材；使用绘图工具和描边面板绘制装饰图案；使用插入表命令插入表格；使用段落和表面板对表中的文字进行编辑，效果如图8-220所示。

【素材所在位置】Ch08/素材/制作购物节海报/01~02。

【效果所在位置】Ch08/效果/制作购物节海报.indd。

图8-220

📝 课后习题——制作旅游广告

【习题知识要点】使用文字工具、创建轮廓命令、置入命令和贴入内部命令制作广告语；使用插入表命令和表面板添加并编辑表格，效果如图8-221所示。

【素材所在位置】Ch08/素材/制作旅游广告/01~02。

【效果所在位置】Ch08/效果/制作旅游广告.indd。

图8-221

第 *9* 章

页面编排

本章介绍

　　本章介绍在InDesign CS6中编排页面的方法。讲解页面、跨页和主页的概念，以及页码、章节页码的设置和页面面板的使用方法。通过学习本章的内容，读者可以快捷地编排页面，减少不必要的重复工作，使排版工作变得更加高效。

学习目标

◆ 熟练掌握版面的布局方法。

◆ 掌握主页的使用技巧。

◆ 熟练掌握页面和跨页的使用方法。

技能目标

◆ 掌握"杂志封面"的制作方法。

◆ 掌握"杂志内页"的制作方法。

9.1 版面布局

InDesign CS6的版面布局包括基本布局和精确布局两种。建立新文档，设置页面、版心和分栏，指定出血和辅助信息域等为基本版面布局。标尺、网格和参考线可以给出对象的精确位置，精确版面布局。

9.1.1 课堂案例——制作杂志封面

【案例学习目标】学习使用文字工具、置入命令和填充工具制作杂志封面。

【案例知识要点】使用置入命令置入图片；使用文字工具、矩形工具和路径查找器面板制作杂志名称；使用文字工具和填充面板添加其他相关信息；使用矩形工具、椭圆工具和直线工具绘制搜索栏，效果如图9-1所示。

【效果所在位置】Ch09/效果/制作杂志封面.indd。

图9-1

1. 添加杂志名称和刊期

（1）选择"文件 > 新建 > 文档"命令，弹出"新建文档"对话框，设置如图9-2所示。单击"边距和分栏"按钮，弹出"新建边距和分栏"对话框，设置如图9-3所示，单击"确定"按钮，新建一个页面。选择"视图 > 其他 > 隐藏框架边缘"命令，将所绘制图形的框架边缘隐藏。

图9-2

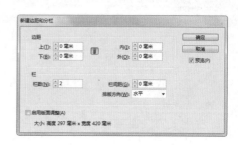

图9-3

（2）选择"文件 > 置入"命令，弹出"置入"对话框，选择本书学习资源中的"Ch09 > 素材 > 制作杂志封面 > 01"文件，单击"打开"按钮，在页面空白处单击鼠标左键置入图片。选择"自由变换"工具 ，将图片拖曳到适当的位置，效果如图9-4所示。

图9-4

（3）选择"文字"工具 T，在页面适当的位置拖曳一个文本框，输入需要的文字并选取文字，在"控制"面板中选择合适的字体和文字大小，填充文字为白色，效果如图9-5所示。在"控制"面板中将"字符间距" AV 0 ▼ 选项设置为-10，按<Enter>键，效果如图9-6所示。

图9-5   图9-6

（4）选择"选择"工具，选取文字，选择"文字 > 创建轮廓"命令，将文字转换为图形，如图9-7所示。选择"直接选择"工具，按住<Shift>键的同时，依次单击选取需要的节点，如图9-8所示。按<Delete>键将其删除，如图9-9所示。

图9-7

图9-8　　　　　图9-9

（5）选择"矩形"工具，按住<Shift>键的同时，在适当的位置绘制一个正方形，如图9-10所示。在"控制"面板中将"旋转角度" 选项设置为45°，按<Enter>键旋转图形，效果如图9-11所示。

图9-10　　　　　图9-11

（6）选择"选择"工具，按住<Shift>键的同时，单击文字图形将其同时选取，如图9-12所示。选择"窗口 > 对象和版面 > 路径查找器"命令，弹出"路径查找器"面板，单击"减去"按钮，如图9-13所示，生成新对象，效果如图9-14所示。

图9-12

图9-13

图9-14

（7）选择"直接选择"工具，选取需要的锚点，向左拖曳锚点到适当的位置，效果如图9-15所示。选择"矩形"工具，在适当的位置绘制一个矩形，填充图形为白色，并设置描边色为无，效果如图9-16所示。

图9-15　　　　　图9-16

（8）选择"选择"工具，按住<Shift>键的同时，单击文字图形将其同时选取，如图9-17所示。选择"路径查找器"面板，单击"相加"按钮，生成新对象，效果如图9-18所示。

图9-17

图9-18

（9）双击"渐变色板"工具，弹出"渐变"面板，在"类型"选项中选择"线性"，在色带上选中左侧的渐变色标，设置CMYK的值为0、0、23、31，选中右侧的渐变色标并设置为白色，如图9-19所示，填充渐变色，效果如图9-20所示。

图9-19

图9-20

（10）选择"文字"工具 **T**，在页面适当
的位置拖曳一个文本框，输入需要的文字并选取
文字，在"控制"面板中选择合适的字体和文字
大小，填充文字为白色，效果如图9-21所示。在
"控制"面板中将"字符间距" 选项设
置为200，按<Enter>键，效果如图9-22所示。

图9-21

图9-22

（11）选择"文字"工具 **T**，在适当的位置
分别拖曳文本框，输入需要的文字并选取文字，
在"控制"面板中分别选择合适的字体和文字大
小，填充文字为白色，效果如图9-23所示。选取
最上方的英文，在"控制"面板中将"字符间
距" 选项设置为50，按<Enter>键，效果
如图9-24所示。

图9-23

图9-24

2. 添加栏目名称

（1）选择"文字"工具 **T**，在适当的位置
分别拖曳文本框，输入需要的文字并选取文字，
在"控制"面板中分别选择合适的字体和文字大
小，取消文字的选取状态，效果如图9-25所示。

（2）选择"选择"工具 ，按住<Shift>键
的同时，将输入的文字同时选取，单击工具箱中
的"格式针对文本"按钮 **T**，设置文字填充色的

CMYK值为0、100、100、0，填充文字，效果如图
9-26所示。

（3）选择"文字"工具 **T**，选取英文
"RED LIPS"，在"控制"面板中将"字符间
距" 选项设置为-75，按<Enter>键，效
果如图9-27所示。

图9-25

图9-26

图9-27

（4）选择"选择"工具 ，在"控制"
面板中将"X切变角度" 选项设置为
15°，按<Enter>键文字倾斜变形，效果如图9-28
所示。

（5）选择"文字"工具 **T**，选取文字"足
以让你出彩"，填充文字为白色，效果如图9-29
所示。选择"矩形"工具 ，在适当的位置绘制
一个矩形，如图9-30所示。

图9-28

图9-29

图9-30

（6）双击"渐变色板"工具 ，弹出"渐
变"面板，在"类型"选项中选择"线性"，在
色带上选中左侧的渐变色标并设置为白色，选中

右侧的渐变色标并设置为黑色，如图9-31所示。填充渐变色，设置描边色为无，效果如图9-32所示。按<Ctrl>+<[>组合键，将图形后移一层，效果如图9-33所示。

图9-31

图9-32

图9-33

（7）选择"文字"工具，在适当的位置分别拖曳文本框，输入需要的文字并选取文字，在"控制"面板中分别选择合适的字体和文字大小，填充文字为白色，取消文字的选取状态，效果如图9-34所示。

（8）选择"选择"工具，按住<Shift>键的同时，将需要的文字同时选取，单击工具箱中的"格式针对文本"按钮，设置文字填充色的CMYK值为0、100、100、0，填充文字，效果如图9-35所示。

图9-34

图9-35

（9）选择"选择"工具，选取数字"5"，在"控制"面板中将"X切变角度"选项设置为15°，按<Enter>键文字倾斜变形，效果如图9-36所示。

（10）选择"文字"工具，选取文字"美唇斗艳"，在"控制"面板中设置文字大小，设置文字填充色的CMYK值为0、100、100、0，填充文字，效果如图9-37所示。

图9-36

图9-37

（11）选择"文字"工具，在适当的位置分别拖曳文本框，输入需要的文字并选取文字，在"控制"面板中分别选择合适的字体和文字大小，取消文字的选取状态，效果如图9-38所示。

（12）选择"文字"工具，选取最上方的文字，设置文字填充色的CMYK值为0、100、100、0，填充文字，效果如图9-39所示。

图9-38

图9-39

（13）选择"选择"工具，在页面中选取需要的文字，如图9-40所示。按住<Alt>键的同时，向下拖曳文字到适当的位置，复制文字，填充文字为黑色，效果如图9-41所示。

图9-40

图9-41

（14）选择"文件 > 置入"命令，弹出"置入"对话框，选择本书学习资源中的"Ch09 > 素材 > 制作杂志封面 > 02"文件，单击"打开"按钮，在页面空白处单击鼠标左键置入图片。选择"自由变换"工具，将图片拖曳到适当的位置，效果如图9-42所示。

图9-42

3. 添加杂志封底

（1）选择"文件>置入"命令，弹出"置入"对话框，选择本书学习资源中的"Ch09>素材>制作杂志封面>03、04"文件，单击"打开"按钮，在页面空白处分别单击鼠标左键置入图片。选择"自由变换"工具，分别将图片拖曳到适当的位置并调整其大小，效果如图9-43所示。

图9-43

（2）选择"选择"工具，按住<Shift>键的同时，将置入的图片同时选取，在"控制"面板中单击"水平居中对齐"按钮，图片对齐效果如图9-44所示。

（3）选择"文字"工具，在适当的位置分别拖曳文本框，输入需要的文字并选取文字，在"控制"面板中分别选择合适的字体和文字大小，填充文字为白色，取消文字的选取状态，效果如图9-45所示。

图9-44　　　　　　图9-45

（4）选择"钢笔"工具，在适当的位置绘制一个闭合路径，填充图形为白色，设置描边色为无，效果如图9-46所示。选择"矩形"工具，在适当的位置绘制一个矩形，填充图形为白

色，设置描边色为无，如图9-47所示。

图9-46　　　　　　图9-47

（5）按<Ctrl>+<C>组合键复制图片，选择"编辑>原位粘贴"命令，将图片原位粘贴。选择"选择"工具，向右拖曳矩形左侧中间的控制手柄，调整图形的大小。设置填充色的CMYK值为0、28、7、0，填充图形，效果如图9-48所示。

（6）选择"椭圆"工具，按住<Shift>键的同时，在适当的位置绘制圆形。将"控制"面板中的"描边粗细" 0.283 选项设置为3，按<Enter>键，效果如图9-49所示。

（7）选择"直线"工具，在适当的位置拖曳鼠标绘制一条斜线，将"控制"面板中的"描边粗细" 0.283 选项设置为3，按<Enter>键，效果如图9-50所示。

图9-48　　　　图9-49　　　　图9-50

（8）选择"文字"工具，在页面中拖曳一个文本框，输入需要的文字并选取文字，在"控制"面板中选择合适的字体和文字大小，效果如图9-51所示。在空白页面处单击，取消文字的选取状态，杂志封面制作完成，效果如图9-52所示。

图9-51

图9-52

9.1.2 设置基本布局

1. 文档窗口一览

在文档窗口中，新建一个页面，如图9-53所示。

图9-53

页面的结构性区域由以下的颜色标出。

黑线标明了跨页中每个页面的尺寸。细的阴影有助于从粘贴板中区分出跨页。

围绕页面外的红色线代表出血区域。

围绕页面外的蓝色线代表辅助信息区域。

品红色的线是边空线（或称版心线）。

紫色线是分栏线。

其他颜色的线条是辅助线。出现辅助线时，在被选取的情况下，辅助线的颜色显示为所在图层的颜色。

> 🔍 **注 意**
>
> 分栏线出现在版心线的前面。分栏线正好在版心线之上时，会遮住版心线。

选择"编辑 > 首选项 > 参考线和粘贴板"命令，弹出"首选项"对话框，如图9-54所示。

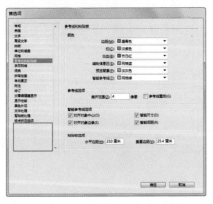

图9-54

可以设置页边距和分栏参考线的颜色，以及粘贴板上出血和辅助信息区域参考线的颜色。还可以就对象需要距离参考线多近才能靠齐参考线、参考线显示在对象之前还是之后，以及粘贴板的大小进行设置。

2. 更改文档设置

选择"文件 > 文档设置"命令，弹出"文档设置"对话框，单击"更多选项"按钮，如图9-55所示。指定文档选项，单击"确定"按钮即可更改文档设置。

图9-55

3. 更改页边距和分栏

在"页面"面板中选择要修改的跨页或页面，选择"版面 > 边距和分栏"命令，弹出"边距和分栏"对话框，如图9-56所示。

图9-56

"边距"选项组：指定边距参考线到页面的各个边缘之间的距离。

"栏"选项组：在"栏数"选项中输入要在边距参考线内创建的分栏的数目。在"栏间距"选项中输入栏间的宽度值。

"排版方向"选项：选择"水平"或"垂直"来指定栏的方向。还可以设置文档基线网格的排版方向。

4. 创建不相等栏宽

在"页面"面板中选择要修改的跨页或页面，如图9-57所示。选择"视图 > 网格和参考线 > 锁定栏参考线"命令，解除栏参考线的锁定。选择"选择"工具 🅑，选取需要的栏参考线，按住鼠标左键将其拖曳到适当的位置，如图9-58所示，松开鼠标，效果如图9-59所示。

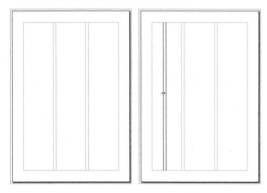

| 图9-57 | 图9-58 |

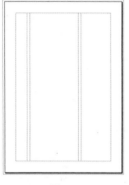

图9-59

9.1.3 版面精确布局

1. 标尺和度量单位

可以为水平标尺和垂直标尺设置不同的度量系统。为水平标尺选择的系统将控制制表符、边距、缩进和其他度量。标尺的默认度量单位是毫米，如图9-60所示。

⊙ 更改标尺和度量单位

可以为屏幕上的标尺及面板和对话框设置

度量单位。选择"编辑 > 首选项 > 单位和增量"命令，弹出"首选项"对话框，如图9-61所示，设置需要的度量单位，单击"确定"按钮即可。

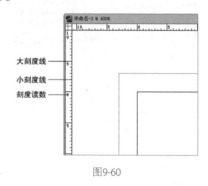

图9-60

大刻度线
小刻度线
刻度读数

图9-61

在标尺上单击鼠标右键，在弹出的菜单中选择单位来更改标尺单位。在水平标尺和垂直标尺的交叉点单击鼠标右键，可以为两个标尺更改标尺单位。

2. 网格

选择"视图 > 网格和参考线 > 显示/隐藏文档网格"命令，可显示或隐藏文档网格。

选择"编辑 > 首选项 > 网格"命令，弹出"首选项"对话框，如图9-62所示，设置需要的网格选项，单击"确定"按钮即可。

图9-62

选择"视图 > 网格和参考线 > 靠齐文档网格"命令，将对象拖向网格，对象的一角将与网格4个角点中的一个靠齐，可靠齐文档网格中的对象。按住<Ctrl>键的同时，可以靠齐网格网眼的9个特殊位置。

3. 标尺参考线

⊙ 创建标尺参考线

将鼠标定位到水平（或垂直）标尺上，如图9-63所示，按住鼠标左键不放拖曳到目标跨页上需要的位置，松开鼠标左键，创建标尺参考线，如图9-64所示。如果将参考线拖曳到粘贴板上，它将跨越该粘贴板和跨页，如图9-65所示。如果将它拖曳到页面上，将变为页面参考线。

图9-63

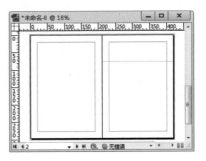

图9-64

图9-65

按住<Ctrl>键的同时，从水平（或垂直）标尺拖曳到目标跨页，可以在粘贴板不可见时创建跨页参考线。双击水平或垂直标尺上的特定位置，可在不拖曳的情况下创建跨页参考线。如果要将参考线与最近的刻度线对齐，那么在双击标尺时按住<Shift>键。

选择"版面 > 创建参考线"命令，弹出"创建参考线"对话框，如图9-66所示。

图9-66

"行数"和"栏数"选项：指定要创建的行或栏的数目。

"行间距"和"栏间距"选项：指定行或栏的间距。

创建的栏在置入文本文件时不能控制文本排列。

在"参考线适合"选项中,点选"边距"单选项在页边距内的版心区域创建参考线;点选"页面"单选项在页面边缘内创建参考线。

"移去现有标尺参考线"复选框: 删除任何现有参考线(包括锁定或隐藏图层上的参考线)。

设置需要的选项,如图9-67所示,单击"确定"按钮,效果如图9-68所示。

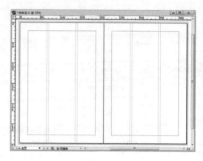

图9-68

⊙ 编辑标尺参考线

选择"视图 > 网格和参考线 > 显示/隐藏参考线"命令,可显示或隐藏所有边距、栏和标尺参考线。选择"视图 > 网格和参考线 > 锁定参考线"命令,可锁定参考线。

按<Ctrl>+<Alt>+<G>组合键,选择目标跨页上的所有标尺参考线。选择一个或多个标尺参考线,按<Delete>键删除参考线。也可以拖曳标尺参考线到标尺上将其删除。

图9-67

9.2 使用主页

主页相当于一个可以快速应用到多个页面的背景。主页上的对象将显示在应用该主页的所有页面上。主页上的对象将显示在文档页面中同一图层的对象之后。对主页进行的更改将自动应用到关联的页面。

9.2.1 课堂案例——制作杂志内页

【案例学习目标】 学习使用置入命令置入素材图片,使用页面面板编辑页面,使用文字工具和段落面板制作杂志内页。

【案例知识要点】 使用页码和章节选项命令更改起始页码;使用当前页码命令添加自动页码;使用文字工具和填充工具添加标题及杂志内容;使用矩形工具、删除锚点工具和效果面板制作斜角,使用文字工具和段落面板制作首字下沉效果;使用文本绕排面板制作绕排效果,效果如图9-69所示。

【效果所在位置】 Ch09/效果/制作杂志内页.indd。

图9-69

1. 制作主页

(1)选择"文件 > 新建 > 文档"命令,弹出"新建文档"对话框,设置如图9-70所示。单击"边距和分栏"按钮,弹出"新建边距和分栏"对话框,设置如图9-71所示,单击"确定"按钮,新建一个页面。选择"视图 > 其他 > 隐藏框架边缘"命令，将所绘制图形的框架边缘隐藏。

图9-70

图9-71

（2）选择"窗口 > 页面"命令，弹出"页面"面板，按住<Shift>键的同时，单击所有页面的图标，将其全部选取，如图9-72所示。单击面板右上方的图标，在弹出的菜单中取消选择"允许选定的跨页随机排布"命令，如图9-73所示。

图9-72

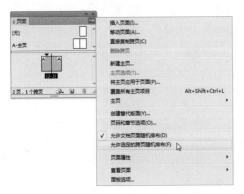

图9-73

（3）双击第二页的页面图标，如图9-74所示。选择"版面 > 页码和章节选项"命令，弹出"页码和章节选项"对话框，设置如图9-75所示，单击"确定"按钮，页面面板显示如图9-76所示。

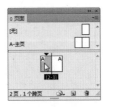

图9-74

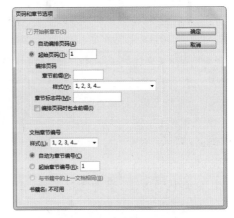

图9-75

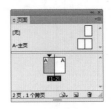

图9-76

（4）在"状态栏"中单击"文档所属页面"选项右侧的按钮，在弹出的页码中选择"A-主页"。选择"矩形"工具，在页面中适当的位置绘制一个矩形，设置填充色的CMYK值为10、100、63、25，填充图形，设置描边色为无，效果如图9-77所示。

（5）选择"选择"工具，按住<Alt>+<Shift>组合键的同时，水平向右拖曳图形到适当的位置，复制图形，效果如图9-78所示。

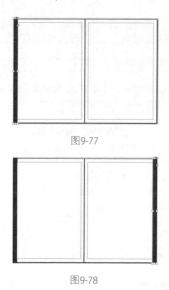

图9-77

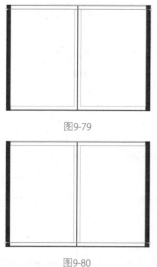

图9-78

（6）选择"直线"工具 ✏️，按住<Shift>键的同时，在页面中拖曳鼠标绘制一条直线，设置描边色的CMYK值为10、100、63、25，填充描边。在"控制"面板中将"描边粗细" ⬚ 0.283 ▾ 选项设置为2，按<Enter>键，效果如图9-79所示。

（7）选择"选择"工具 ▶️，按住<Alt>+<Shift>组合键的同时，垂直向下拖曳直线到适当的位置，复制直线，效果如图9-80所示。

图9-79

图9-80

（8）选择"文字"工具 T，在"控制"面板中单击"居中对齐"按钮 ≡，在页面左上方

拖曳一个文本框，按<Ctrl>+<Shift>+<Alt>+<N>组合键，在文本框中添加自动页码，如图9-81所示。将添加的文字选取，在"控制"面板中选择合适的字体和文字大小，效果如图9-82所示。

图9-81　　　　　　　　图9-82

（9）选择"选择"工具 ▶️，选择"对象 > 适合 > 使框架适合内容"命令，使文本框适合文字，如图9-83所示。按住<Alt>+<Shift>组合键的同时，用鼠标向右拖曳文字到跨页上适当的位置，复制文字，效果如图9-84所示。

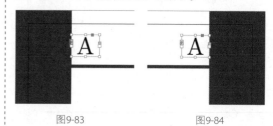

图9-83　　　　　　　　图9-84

2. 制作内页1

（1）在"状态栏"中单击"文档所属页面"选项右侧的 ▾ 按钮，在弹出的页码中选择"1"。选择"文件 > 置入"命令，弹出"置入"对话框，选择本书学习资源中的"Ch09 > 素材 > 制作杂志内页 > 01"文件，单击"打开"按钮，在页面空白处单击鼠标左键置入图片。选择"自由变换"工具 ▦，将图片拖曳到适当的位置并调整其大小，效果如图9-85所示。

（2）保持图片选取状态。选择"选择"工具 ▶️，选中上方限位框中间的控制手柄，并将其向下拖曳到适当的位置，裁剪图片，效果如图9-86所示。使用相同的方法对其他两边进行裁切，效果如图9-87所示。

图9-85

图9-86

图9-87

（3）选择"矩形"工具▣，在适当的位置绘制一个矩形，如图9-88所示。选择"删除锚点"工具▷，将光标移动到左上角的锚点上，如图9-89所示。单击鼠标左键，删除锚点，效果如图9-90所示。

图9-88

图9-89

图9-90

（4）选择"选择"工具▶，填充图形为白色，设置描边色为无，效果如图9-91所示。选择"窗口 > 效果"命令，弹出"效果"面板，将"不透明度"选项设为40%，如图9-92所示，按<Enter>键，效果如图9-93所示。

图9-91

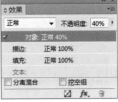

图9-92

图9-93

（5）保持图形选取状态。按<Ctrl>+<C>组合键复制图形，选择"编辑 > 原位粘贴"命令，原位粘贴图形。选择"选择"工具▶，按住<Shift>键的同时，向内拖曳左上方的控制手柄，调整图形的大小，如图9-94所示。

（6）选择"效果"面板，将"不透明度"选项设为55%，如图9-95所示。按<Enter>键，效果如图9-96所示。

图9-94

图9-95

图9-96

（7）使用相同的方法再复制一个图形，并调整其大小。选择"效果"面板，将"不透明度"选项设为100%，如图9-97所示。按<Enter>键，效果如图9-98所示。

图9-97　　　　　图9-98

（8）选择"直排文字"工具，在页面中分别拖曳文本框，输入需要的文字并选取文字，在"控制"面板中分别选择合适的字体并设置文字大小，效果如图9-99所示。选取英文文字，在"控制"面板中将"字符间距"选项设置为-100，按<Enter>键，效果如图9-100所示。

图9-99　　　　　图9-100

（9）选择"直排文字"工具，选取中文文字，填充文字为白色，效果如图9-101所示。在"控制"面板中将"字符间距"选项设置为80，按<Enter>键，效果如图9-102所示。

图9-101　　　　　图9-102

3．制作内页2

（1）在"状态栏"中单击"文档所属页面"选项右侧的按钮，在弹出的页码中选择"2"。选择"文件 > 置入"命令，弹出"置入"对话框，选择本书学习资源中的"Ch09 > 素材 > 制作杂志内页 > 02、03、07"文件，单击"打开"按钮，

在页面空白处分别单击鼠标左键置入图片。选择"自由变换"工具，分别将图片拖曳到适当的位置并调整其大小。选择"选择"工具，分别裁剪图片，效果如图9-103所示。

图9-103

（2）选择"选择"工具，选取需要的图片，在"控制"面板中将"旋转角度"选项设置为-18°，按<Enter>键旋转图片，效果如图9-104所示。

图9-104

（3）选择"文字"工具，在页面适当的位置拖曳一个文本框，输入需要的文字并选取文字，在"控制"面板中选择合适的字体和文字大小，填充文字为白色，效果如图9-105所示。

（4）选择"文字"工具，选取文字"斗唇妆"，在"控制"面板中选择合适的字体，效果如图9-106所示。设置文字填充色的CMYK值为0、100、100、3，填充文字，取消文字的选取状态，效果如图9-107所示。

图9-105　　　图9-106　　　图9-107

（5）选择"文字"工具 🅣，在适当的位置拖曳一个文本框，输入需要的文字。将输入的文字选取，在"控制"面板中选择合适的字体并设置文字大小，效果如图9-108所示。在"控制"面板中将"行距" 🅐 0点 ▾ 选项设置为12，按<Enter>键，效果如图9-109所示。

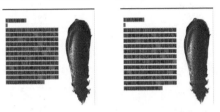

图9-108　　　　　图9-109

（6）选择"文字"工具 🅣，选取数字"1"，在"控制"面板中选择合适的字体，效果如图9-110所示。

图9-110

（7）保持文字选取状态。选择"文字 > 段落"命令，弹出"段落"面板，将"首字下沉行数" 🅐 0 选项设置为4，如图9-111所示，按<Enter>键，效果如图9-112所示。

图9-111　　　　　图9-112

（8）选择"文件 > 置入"命令，弹出"置入"对话框，选择本书学习资源中的"Ch09 > 素材 > 制作杂志内页 > 05"文件，单击"打开"按钮，在页面空白处单击鼠标左键置入图片。选择

"自由变换"工具 🅺，将图片拖曳到适当的位置并调整其大小，效果如图9-113所示。

（9）保持图片的选取状态。选择"窗口 > 文本绕排"命令，弹出"文本绕排"面板，单击"沿定界框绕排"按钮 🔲，其他选项的设置如图9-114所示，效果如图9-115所示。

图9-113　　　　　图9-114

图9-115

（10）选择"文字"工具 🅣，在适当的位置拖曳文本框，输入需要的文字并选取文字，在"控制"面板中分别选择合适的字体并设置文字大小，效果如图9-116所示。

（11）选择"文字"工具 🅣，选取上方的中文文字。在"控制"面板中，将"行距" 🅐 0点 ▾ 选项设置为12，将"字符间距" 🅐 0 ▾ 选项设置为60，按<Enter>键，取消文字选取状态，效果如图9-117所示。

图9-116　　　　　图9-117

（12）使用与上述相同的方法置入其他图片，调整其大小、位置和角度，并制作如图9-118所示的效

果。杂志内页制作完成，最终效果如图9-119所示。

图9-118　　　　　　图9-119

9.2.2　创建主页

可以从头开始创建新的主页，也可以利用现有主页或跨页创建主页。当主页应用于其他页面之后，对源主页所做的任何更改会自动反映到所有基于它的主页和文档页面中。

1. 从头开始创建主页

选择"窗口 > 页面"命令，弹出"页面"面板，单击面板右上方的图标，在弹出的菜单中选择"新建主页"命令，如图9-120所示，弹出"新建主页"对话框，如图9-121所示。

图9-120

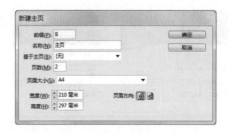

图9-121

"前缀"选项：标识"页面"面板中的各个页面所应用的主页。最多可以输入4个字符。

"名称"选项：输入主页跨页的名称。

"基于主页"选项：选择一个以此主页跨页为基础的现有主页跨页，或选择"无"。

"页数"选项：输入一个值以作为主页跨页中要包含的页数（最多为10）。

"页面大小"选项组：设置新建主页的页面大小和页面方向。

设置需要的选项，如图9-122所示，单击"确定"按钮，创建新的主页，如图9-123所示。

图9-122

图9-123

2. 从现有页面或跨页创建主页

在"页面"面板中单击选取需要的跨页（或页面）图标，如图9-124所示。按住鼠标将其从"页面"部分拖曳到"主页"部分，如图9-125所示。松开鼠标，以现有跨页为基础创建主页，如图9-126所示。

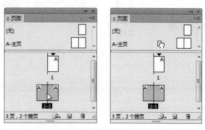

图9-124　　　　　　图9-125

图9-126

9.2.3　基于其他主页的主页

在"页面"面板中选取需要的主页图标，如图9-127所示。单击面板右上方的 图标，在弹出的菜单中选择"'C-主页'的主页选项"命令，弹出"主页选项"对话框，在"基于主页"选项中选取需要的主页，设置如图9-128所示。单击"确定"按钮，"C-主页"基于"B-主页"创建主页样式，效果如图9-129所示。

图9-127

图9-128

图9-129

在"页面"面板中选取需要的主页跨页名称，如图9-130所示。按住鼠标将其拖曳到应用该

主页的另一个主页名称上，如图9-131所示。松开鼠标，"B-主页"基于"C-主页"创建主页样式，如图9-132所示。

图9-130　　　　　　　图9-131

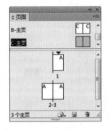

图9-132

9.2.4　复制主页

在"页面"面板中选取需要的主页跨页名称，如图9-133所示。按住鼠标将其拖曳到"新建页面"按钮 上，如图9-134所示。松开鼠标，在文档中复制主页，如图9-135所示。

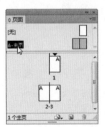　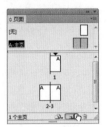

图9-133　　　　　　　图9-134

图9-135

在"页面"面板中选取需要的主页跨页名称。单击面板右上方的 图标，在弹出的菜单中选择"直接复制主页跨页'B-主页'"命令，可以在文档中复制主页。

图9-141

2. 将主页应用于多个页面

在"页面"面板中选取需要的页面图标，如图9-142所示。按住<Alt>键的同时，单击要应用的主页，将主页应用于多个页面，效果如图9-143所示。

 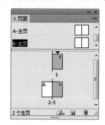

图9-142　　　　　　图9-143

单击面板右上方的 图标，在弹出的菜单中选择"将主页应用于页面"命令，弹出"应用主页"对话框，如图9-144所示。在"应用主页"选项中指定要应用的主页，在"于页面"选项中指定需要应用主页的页面范围，如图9-145所示。单击"确定"按钮，将主页应用于选定的页面，如图9-146所示。

图9-144

图9-145

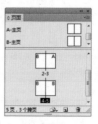

图9-146

9.2.5　应用主页

1. 将主页应用于页面或跨页

在"页面"面板中选取需要的主页图标，如图9-136所示。将其拖曳到要应用主页的页面图标上，当黑色矩形围绕页面时，如图9-137所示，松开鼠标，为页面应用主页，如图9-138所示。

图9-136　　　　　　图9-137

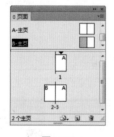

图9-138

在"页面"面板中选取需要的主页跨页图标，如图9-139所示。将其拖曳到跨页的角点上，如图9-140所示，当黑色矩形围绕跨页时，松开鼠标，为跨页应用主页，如图9-141所示。

图9-139　　　　　　图9-140

9.2.6 取消指定的主页

在"页面"面板中选取需要取消主页的页面图标，如图9-147所示。按住<Alt>键的同时，单击［无］的页面图标，将取消指定的主页，效果如图9-148所示。

图9-147　　　　　图9-148

9.2.7 删除主页

在"页面"面板中选取要删除的主页，如图9-149所示。单击"删除选中页面"按钮 ，弹出提示对话框，如图9-150所示。单击"确定"按钮，删除主页，如图9-151所示。

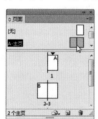

图9-149

图9-150

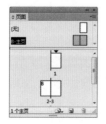

图9-151

将选取的主页直接拖曳到"删除选中页面"按钮 上，可删除主页。单击面板右上方的 图标，在弹出的菜单中选择"删除主页跨页'1-主页'"命令，也可删除主页。

9.2.8 添加页码和章节编号

可以在页面上添加页码标记来指定页码的位置和外观。由于页码标记自动更新，所以当在文档内增加、移除或排列页面时，它所显示的页码总会是正确的。页码标记可以与文本一样设置格式和样式。

1. 添加自动页码

选择"文字"工具 ，在要添加页码的页面中拖曳出一个文本框，如图9-152所示。选择"文字 > 插入特殊字符 > 标志符 > 当前页码"命令，或按<Ctrl>+<Shift>+<Alt>+<N>组合键，如图9-153所示，在文本框中添加自动页码，如图9-154所示。

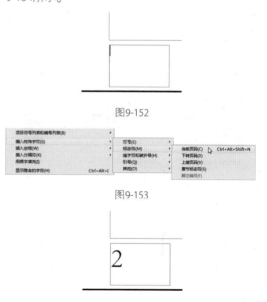

图9-152

图9-153

图9-154

在页面区域显示主页，选择"文字"工具 ，在主页中拖曳一个文本框，如图9-155所示。在文本框中单击鼠标右键，在弹出的菜单中选择"插入特殊字符 > 标志符 > 当前页码"命令，在文本框中添加自动页码，如图9-156所示。页码以该主页的前缀显示。

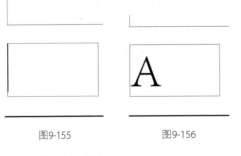

图9-155   图9-156

2. 添加章节编号

选择"文字"工具 T ，在要显示章节编号的位置拖曳出一个文本框，如图9-157所示。选择"文字 > 文本变量 > 插入变量 > 章节编号"命令，如图9-158所示。在文本框中添加自动的章节编号，如图9-159所示。

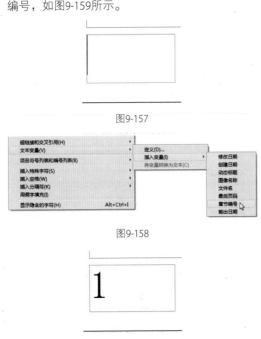

图9-157

图9-158

图9-159

3. 更改页码和章节编号的格式

选择"版面 > 页码和章节选项"命令，弹出"页码和章节选项"对话框，如图9-160所示。设置需要的选项，单击"确定"按钮，可更改页码和章节编号的格式。

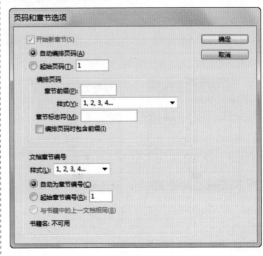

图9-160

"自动编排页码"选项：让当前章节的页码跟随前一章节的页码。当在它前面添加页面时，文档或章节中的页码将自动更新。

"起始页码"选项：输入文档或当前章节第一页的起始页码。

在"编排页码"选项组中，各选项的介绍如下。

"章节前缀"选项：为章节输入一个标签。包括要在前缀和页码之间显示的空格或标点符号。前缀的长度不应大于8个字符。不能为空，也不能为输入的空格，可以是从文档窗口中复制和粘贴的空格字符。

"样式（页码）"选项：从菜单中选择一种页码样式。该样式仅应用于本章节中的所有页面。

"章节标志符"选项：输入一个标签，InDesign会将其插入页面中。

"编排页码时包含前缀"选项：可以在生成目录或索引时或在打印包含自动页码的页面时显示章节前缀。取消选择此选项，将在InDesign中显示章节前缀，但在打印的文档、索引和目录中隐藏该前缀。

9.3　页面和跨页

在"页面设置"对话框中勾选"对页"选项时，文档页面将排列为跨页。跨页是一组一同显示的页面。

9.3.1　课堂案例——制作杂志内页2

【案例学习目标】学习使用文字工具、段落样式面板和插入页面命令制作杂志内页2。

【案例知识要点】使用插入页面命令在文档中添加页面；使用文字工具添加文字；使用段落样式面板设置文字新样式，效果如图9-161所示。

【效果所在位置】Ch09/效果/制作杂志内页2.indd。

图9-161

（1）双击打开本书学习资源中的"Ch09 > 效果 > 制作杂志内页"文件，选择"窗口 > 页面"命令，弹出"页面"面板，单击面板右上方的■图标，在弹出的菜单中选择"插入页面"命令，弹出"插入页面"对话框，选项的设置如图9-162所示。单击"确定"按钮，"页面"面板如图9-163所示。

图9-162

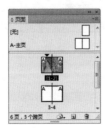

图9-163

（2）在"状态栏"中单击"文档所属页面"选项右侧的■按钮，在弹出的页码中选择"3"。选择"文件 > 置入"命令，弹出"置入"对话框，选择本书学习资源中的"Ch09 > 素材 > 制作杂志内页2 > 01、02"文件，单击"打开"按钮，在页面空白处分别单击鼠标左键置入图片。选择"自由变换"工具■，分别将图片拖曳到适当的位置并调整其大小，效果如图9-164所示。

图9-164

（3）选择"文字"工具■，在页面适当的位置分别拖曳文本框，输入需要的文字并选取文字，在"控制"面板中分别选择合适的字体和文字大小，效果如图9-165所示。

图9-165

（4）选择"文字"工具■，在页面适当的位置拖曳一个文本框，输入需要的文字并选取文字，在"控制"面板中选择合适的字体和文字大小，效果如图9-166所示。

（5）选择"选择"工具 ，单击工具箱中的"格式针对文本"按钮 ，设置文字填充色的CMYK值为30、100、100、20，填充文字，效果如图9-167所示。在"控制"面板中将"X切变角度" 选项设置为18°，按<Enter>键，效果如图9-168所示。

图9-166　　　　　　　图9-167

图9-168

（6）选取并复制记事本文档中需要的文字。返回到InDesign页面中，选择"文字"工具 ，在适当的位置拖曳一个文本框，将复制的文字粘贴到文本框中，将输入的文字选取，在"控制"面板中选择合适的字体并设置文字大小，效果如图9-169所示。

（7）选择"选择"工具 ，选取文字。按<F11>键，弹出"段落样式"面板，单击面板下方的"创建新样式"按钮 ，生成新的段落样式并将其命名为"小标题2"，如图9-170所示。

图9-169　　　　　　　图9-170

（8）选取并复制记事本文档中需要的文字。返回到InDesign页面中，选择"文字"工具 ，在适当的位置拖曳一个文本框，将复制的文字粘贴到文本框中，将输入的文字选取，在"控制"面板中选择合适的字体并设置文字大小，效果如图9-171所示。在"控制"面板中将"行距" 选项设置为18，按<Enter>键，效果如图9-172所示。

图9-171　　　　　　　图9-172

（9）保持文字的选取状态。按<Ctrl>+<Alt>+<T>组合键，弹出"段落"面板，选项的设置如图9-173所示。按<Enter>键，效果如图9-174所示。

图9-173　　　　　　　图9-174

（10）选择"选择"工具 ，选取文字。单击"段落样式"面板下方的"创建新样式"按钮 ，生成新的段落样式并将其命名为"文字内容1"，如图9-175所示。

图9-175

（11）选择"文件 > 置入"命令，弹出"置入"对话框，选择本书学习资源中的"Ch09> 素材 > 制作杂志内页2 > 03"文件，单击"打开"

按钮，在页面中的空白处单击鼠标左键置入图片。选择"自由变换"工具，将图片拖曳到适当的位置并调整其大小，效果如图9-176所示。

（12）单击"控制"面板中的"水平翻转"按钮，将图片水平翻转。多次按<Ctrl>+<[>组合键，将图片后移到适当的位置，效果如图9-177所示。

图9-176　　　　　　　　　图9-177

（13）选择"选择"工具，选取上方的数字"1"，按住<Alt>+<Shift>组合键的同时，垂直向下拖曳文字到适当的位置，复制文字，效果如图9-178所示。选择"文字"工具，选取并重新输入文字，在"控制"面板中设置文字大小，效果如图9-179所示。

图9-178　　　　　　　　　图9-179

（14）选择"文字"工具，在适当的位置分别拖曳两个文本框，输入需要的文字，取消文字选取状态，效果如图9-180所示。

（15）选择"选择"工具，选取上方的文字"如何防止衰老"，如图9-181所示。在"段落样式"面板中单击"小标题2"样式，如图9-182所示，效果如图9-183所示。

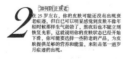

图9-180　　　　　　　　　图9-181

图9-182　　　　　　　　　图9-183

（16）选择"选择"工具，选取下方需要的文字，在"段落样式"面板中单击"文字内容1"样式，如图9-184所示，效果如图9-185所示。

图9-184　　　　　　　　　图9-185

（17）用相同的方法置入图片并制作其他文字的效果，如图9-186所示。选择"文件 > 置入"命令，弹出"置入"对话框，选择本书学习资源中的"Ch09 > 素材 > 制作杂志内页2 > 07"文件，单击"打开"按钮，在页面中的空白处单击鼠标左键置入图片。选择"自由变换"工具，将图片拖曳到适当的位置并调整其大小，选择"选择"工具，裁剪图片，效果如图9-187所示。杂志内页2制作完成。

图9-186

图9-187

9.3.2 确定并选取目标页面和跨页

在"页面"面板中双击其图标（或位于图标下的页码），在页面中确定并选取目标页面或跨页。

在文档中单击页面、该页面上的任何对象或文档窗口中该页面的粘贴板来确定并选取目标页面和跨页。

单击目标页面的图标，如图9-188所示，可在"页面"面板中选取该页面。在视图文档中确定的页面为第一页，要选取目标跨页，单击图标下的页码即可，如图9-189所示。

图9-188

图9-189

9.3.3 以两页跨页作为文档的开始

选择"文件 > 文档设置"命令，确定文档至少包含3个页面，勾选"对页"选项，单击"确定"按钮，效果如图9-190所示。设置文档的第一页为空，按住<Shift>键的同时，在"页面"面板中选取除第一页外的其他页面，如图9-191所示。

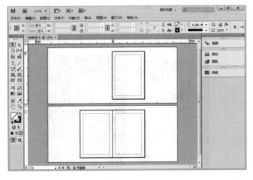
图9-190

图9-191

单击面板右上方的图标，在弹出的菜单中取消选择"允许选定的跨页随机排布"命令，如图9-192所示，"页面"面板如图9-193所示。在"页面"面板中选取第一页，单击"删除选中页面"按钮，"页面"面板如图9-194所示，页面区域如图9-195所示。

图9-192

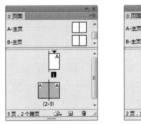
图9-193

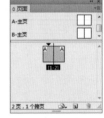
图9-194

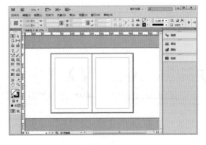
图9-195

9.3.4　添加新页面

在"页面"面板中单击"新建页面"按钮 ，如图9-196所示，在活动页面或跨页之后将添加一个页面，如图9-197所示。新页面将与现有的活动页面使用相同的主页。

图9-196　　　　　图9-197

选择"版面 > 页面 > 插入页面"命令，或单击"页面"面板右上方的 图标，在弹出的菜单中选择"插入页面"命令，如图9-198所示，弹出"插入页面"对话框，如图9-199所示。

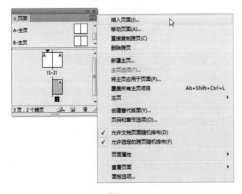

图9-198

图9-199

"页数"选项：指定要添加页面的页数。

"插入"选项：指定插入页面的位置，并根据需要指定页面。

"主页"选项：指定添加的页面要应用的主页。

设置需要的选项，如图9-200所示，单击"确定"按钮，效果如图9-201所示。

图9-200

图9-201

9.3.5　移动页面

选择"版面 > 页面 > 移动页面"命令，或单击"页面"面板右上方的 图标，在弹出的菜单中选择"移动页面"命令，如图9-202所示，弹出"移动页面"对话框，如图9-203所示。

图9-202

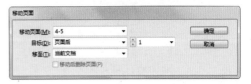

图9-203

"移动页面"选项：指定要移动的一个或多个页面。

"目标"选项：指定将移动到的位置，并根据需要指定页面。

"移至"选项：指定移动的目标文档。

设置需要的选项，如图9-204所示。单击"确定"按钮，效果如图9-205所示。

图9-204

图9-205

在"页面"面板中单击选取需要的页面图标，如图9-206所示。按住鼠标左键将其拖曳至适当的位置，如图9-207所示。松开鼠标左键，将选取的页面移动到适当的位置，效果如图9-208所示。

图9-206　　　　　　图9-207

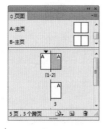

图9-208

9.3.6　复制页面或跨页

在"页面"面板中单击选取需要的页面图标。按住鼠标左键并将其拖曳到面板下方的"新建页面"按钮 上，可复制页面。单击面板右上方的 图标，在弹出的菜单中选择"直接复制页面"命令，也可复制页面。

按住<Alt>键的同时，在"页面"面板中单击选取需要的页面图标（或页面范围号码），如图9-209所示。按住鼠标左键并将其拖曳到需要的位置，当鼠标变为 图标时，如图9-210所示，在文档末尾将生成新的页面，"页面"面板如图9-211所示。

图9-209　　　　　　图9-210

图9-211

> **注意**
> 复制页面或跨页也将复制页面或跨页上的所有对象。复制的跨页与其他跨页的文本串接将被打断，但复制的跨页内的所有文本串接将完整无缺，和原始跨页中的所有文本串接一样。

9.3.7　删除页面或跨页

在"页面"面板中，将一个或多个页面图标或页面范围号码拖曳到"删除选中页面"按钮 上，删除页面或跨页。

在"页面"面板中，选取一个或多个页面图标，单击"删除选中页面"按钮（ ），删除页面或跨页。

在"页面"面板中，选取一个或多个页面图标，单击面板右上方的 图标，在弹出的菜单中选择"删除页面/删除跨页"命令，删除页面或跨页。

课堂练习——制作新娘杂志封面

【练习知识要点】使用页码和章节选项命令更改起始页码；使用文字工具和填充工具添加标题及封面内容；使用文字工具添加说明性文字，效果如图9-212所示。

【素材所在位置】Ch09/素材/制作新娘杂志封面/01~03。

【效果所在位置】Ch09/效果/制作新娘杂志封面.indd。

图9-212

课后习题——制作新娘杂志内页

【习题知识要点】使用页码和章节选项命令更改起始页码；使用当前页码命令添加自动页码；使用文字工具和填充工具添加标题及内页内容；使用投影命令为图片添加投影效果；使用文字工具添加介绍性文字，效果如图9-213所示。

【素材所在位置】Ch09/素材/制作新娘杂志内页/01~13。

【效果所在位置】Ch09/效果/制作新娘杂志内页.indd。

图9-213

第 *10* 章

编辑书籍和目录

本章介绍

　　本章介绍InDesign CS6中书籍和目录的编辑和应用方法。通过学习本章的内容，读者可以完成更加复杂的排版设计项目，提高排版的专业技术水平。

学习目标

◆ 熟练掌握创建目录的方法。

◆ 掌握创建书籍的技巧。

技能目标

◆ 掌握"杂志目录"的制作方法。

◆ 掌握"杂志书籍"的制作方法。

10.1 创建目录

目录可以列出书籍、杂志或其他出版物的内容，可以显示插图列表、广告商或摄影人员名单，也可以包含有助于在文档或书籍文件中查找的信息。

10.1.1 课堂案例——制作杂志目录

【案例学习目标】学习使用文字工具、段落样式面板和目录命令制作杂志目录。

【案例知识要点】使用置入命令、椭圆工具和贴入内部命令添加并编辑图片；使用段落样式面板和目录命令提取目录，效果如图10-1所示。

【效果所在位置】Ch10/效果/制作杂志目录.indd。

图10-1

1. 添加装饰图片和文字

（1）选择"文件 > 新建 > 文档"命令，弹出"新建文档"对话框，设置如图10-2所示。单击"边距和分栏"按钮，弹出"新建边距和分栏"对话框，设置如图10-3所示，单击"确定"按钮，新建一个页面。选择"视图 > 其他 > 隐藏框架边缘"命令，将所绘制图形的框架边缘隐藏。

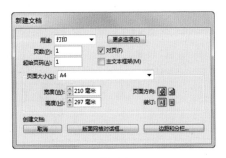

图10-2

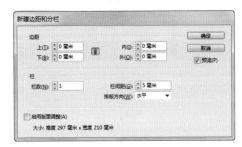

图10-3

（2）选择"文件 > 置入"命令，弹出"置入"对话框，选择本书学习资源中的"Ch10 > 素材 > 制作杂志目录 > 01"文件，单击"打开"按钮，在页面中的空白处单击鼠标左键置入图片。选择"自由变换"工具，将图片拖曳到适当的位置并调整其大小，选择"选择"工具，裁剪图片，效果如图10-4所示。

图10-4

（3）选择"椭圆"工具，按住<Shift>键的同时，在适当的位置绘制一个圆形，如图10-5所示。选择"文件 > 置入"命令，弹出"置入"对话框，选择本书学习资源中的"Ch10 > 素材 > 制作杂志目录 > 02"文件，单击"打开"按钮，在页面中的空白处单击鼠标左键置入图片。选择"自由变换"工具，将图片拖曳到适当的位置并调整其大小，效果如图10-6所示。

图10-5　　　　　　　图10-6

（4）保持图片的选取状态。按<Ctrl>+<X>组合键，将图片剪切到剪贴板上。选择"选择"工具，单击下方的圆形，选择"编辑 > 贴入内部"命令，将图片贴入圆形的内部，设置描边色为无，效果如图10-7所示。

（5）选择"文件 > 置入"命令，弹出"置入"对话框，选择本书学习资源中的"Ch10 > 素材 > 制作杂志目录 > 03"文件，单击"打开"按钮，在页面中的空白处单击鼠标左键置入图片。选择"自由变换"工具，将图片拖曳到适当的位置并调整其大小，效果如图10-8所示。

图10-7　　　　　　　图10-8

（6）选择"直排文字"工具，在页面中拖曳一个文本框，输入需要的文字并选取文字，在"控制"面板中选择合适的字体并设置文字大小，效果如图10-9所示。设置文字填充色的CMYK值为0、100、50、0，填充文字，取消文字的选取状态，效果如图10-10所示。

图10-9　　　　　　　图10-10

（7）选择"直排文字"工具，在页面中拖曳一个文本框，输入需要的文字并选取文字，在"控制"面板中选择合适的字体并设置文字大小，效果如图10-11所示。选取文字"主编"，在"控制"面板中选择合适的字体，效果如图10-12所示。用相同的方法分别选取并设置其他文字字体，效果如图10-13所示。

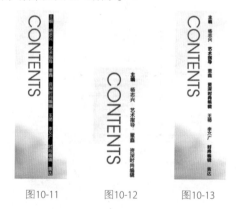

图10-11　　　　图10-12　　　　图10-13

2. 提取目录

（1）按<Ctrl>+<O>组合键，打开本书学习资源中的"Ch10 > 素材 > 制作杂志目录 > 04"文件，单击"打开"按钮，打开文件。选择"窗口 > 色板"命令，弹出"色板"面板，单击面板右上方的图标，在弹出的菜单中选择"新建颜色色板"命令，弹出"新建颜色色板"对话框，设置如图10-14所示。单击"确定"按钮，"色板"面板如图10-15所示。

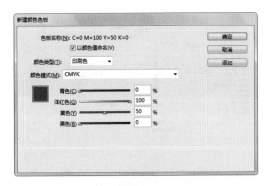

图10-14

图10-15

（2）选择"文字 > 段落样式"命令，弹出"段落样式"面板，单击面板下方的"创建新样式"按钮 ，生成新的段落样式并将其命名为"目录标题"，如图10-16所示。

（3）单击"段落样式"面板下方的"创建新样式"按钮 ，生成新的段落样式并将其命名为"目录正文"，如图10-17所示。

图10-16

图10-17

（4）双击"目录标题"样式，弹出"段落样式选项"对话框，单击"基本字符格式"选项，弹出相应的对话框，选项的设置如图10-18所示。单击"字符颜色"选项，弹出相应的对话框，选择需要的颜色，如图10-19所示，单击"确定"按钮。

图10-18

图10-19

（5）双击"目录正文"样式，弹出"段落样式选项"对话框，单击"基本字符格式"选项，弹出相应的对话框，选项的设置如图10-20所示。单击"缩进和间距"选项，弹出相应的对话框，选项的设置如图10-21所示，单击"确定"按钮。

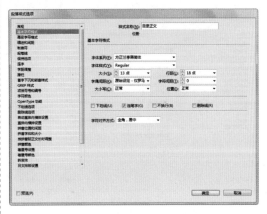

图10-20

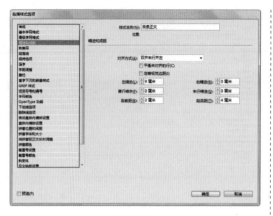

图10-21

（6）选择"文字 > 字符样式"命令，弹出"字符样式"面板，如图10-22所示。单击面板下方的"创建新样式"按钮，生成新的字符样式并将其命名为"目录页码"，如图10-23所示。

图10-22　　　　图10-23

（7）双击"目录页码"样式，弹出"字符样式选项"对话框，单击"基本字符格式"选项，弹出相应的对话框，选项的设置如图10-24所示。单击"字符颜色"选项，弹出相应的对话框，选择需要的颜色，如图10-25所示，单击"确定"按钮。

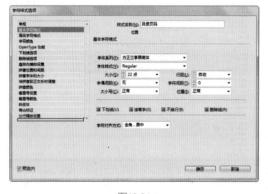

图10-24

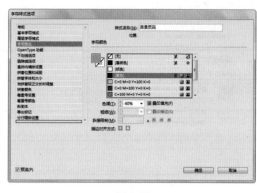

图10-25

（8）选择"版面 > 目录"命令，弹出"目录"对话框，在"其他样式"列表中选择"二级标题"样式，单击"添加"按钮 << 添加(A)，将"二级标题"添加到"包含段落样式"列表中，如图10-26所示。在"样式：二级标题"选项组中，单击"条目样式"选项右侧的▼按钮，在弹出的菜单中选择"目录标题"。单击"页码"选项右侧的▼按钮，在弹出的菜单中选择"条目前"。单击"样式"选项右侧的▼按钮，在弹出的菜单中选择"目录页码"，如图10-27所示。

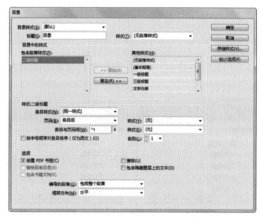

图10-26

（9）在"其他样式"列表中选择"三级标题"样式，单击"添加"按钮 << 添加(A)，将"三级标题"添加到"包含段落样式"列表中。单击"条目样式"选项右侧的按钮▼，在弹出的菜单中选择"目录正文"；单击"页码"选项右侧的按钮▼，在弹出的菜单中选择"无页码"，如图10-28所示。

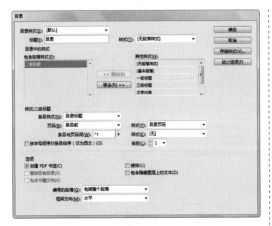

图10-27

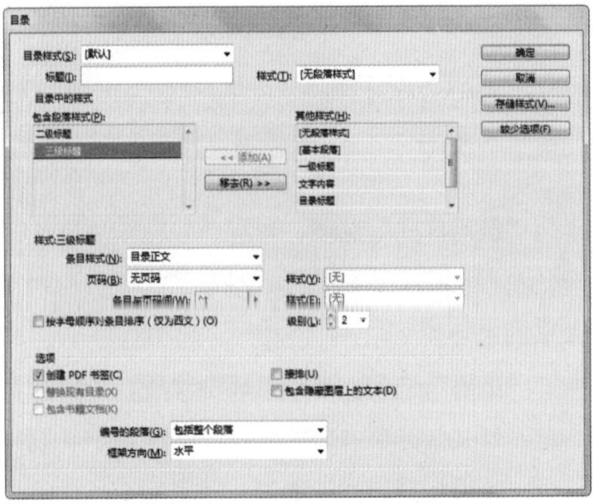

图10-28

（10）单击"确定"按钮，在页面中的空白处拖曳鼠标，提取目录，效果如图10-29所示。选择"文字"工具 T，在提取的目录中选取不需要的文字和空格，按<Delete>键，将其删除，效果如图10-30所示。

图10-29　　　　　　图10-30

（11）选择"文字"工具 T，选取文字"斗唇妆"，如图10-31所示。选择"文字 > 段落"命令，弹出"段落"面板，将"左缩进" ⊹⊧ 0毫米 选项设置为9毫米，如图10-32所示，按<Enter>键，效果如图10-33所示。

图10-31　　　图10-32　　　图10-33

（12）选取文字"活力粉橙"，在"段落"面板中，将"段后间距" ⊒⊧ 0毫米 选项设置为0，按<Enter>键，效果如图10-34所示。选取文字"珊瑚橘"，将"段前间距" ⊒⊧ 0毫米 选项设置为0，按<Enter>键，效果如图10-35所示。

图10-34　　　　　　图10-35

（13）选择"选择"工具 ，单击选取需要的段落文字，按<Ctrl>+<X>组合键剪切段落文字，返回到目录页面中，按<Ctrl>+<V>组合键粘贴段落文字，并将其拖曳到适当的位置，最终效果如图10-36所示。杂志目录制作完成。

图10-36

10.1.2 生成目录

生成目录前，先确定应包含的段落（如章、节标题），为每个段落定义段落样式。确保将这些样式应用于单篇文档或编入书籍的多篇文档中的所有相应段落。

在创建目录时，应在文档中添加新页面。选择"版面 > 目录"命令，弹出"目录"对话框，如图10-37所示。

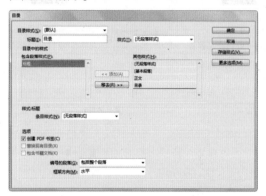

图10-37

"标题"选项：输入目录标题。标题将显示在目录顶部。设置标题的格式，需从"样式"菜单中选择一个样式。

通过双击"其他样式"列表中的段落样式，将其添加到"包括段落样式"列表中，以确定目录包含的内容。

"创建PDF书签"选项：将文档导出为PDF时，在Adobe Acrobat 8或 Adobe Reader的"书签"面板中显示目录条目。

"替换现有目录"选项：替换文档中现有的所有目录文章。

"包含书籍文档"选项：为书籍列表中的所有文档创建一个目录，重编该书的页码。如果只想为当前文档生成目录，则取消勾选此选项。

"编号的段落"选项：若目录中包括使用编号的段落样式，指定目录条目可包括整个段落（编号和文本）、只包括编号或只包括段落文本。

"框架方向"选项：指定要用于创建目录的文本框架的排版方向。

单击"更多选项"命令，将弹出设置目录样式的选项，如图10-38所示。

图10-38

"条目样式"选项：对应"包括段落样式"中的每种样式，可以选择一种段落样式应用到相关联的目录条目。

"页码"选项：选择页码的位置，可以在右侧的"样式"选项中选择页码需要的字符样式。

"条目与页码间"选项：指定要在目录条目及其页码之间显示的字符。可以在弹出列表中选择其他特殊字符。可以在右侧的"样式"选项中选择需要的字符样式。

"按字母顺序对条目排序（仅为西文）"选项：将按字母顺序对选定样式中的目录条目进行排序。

"级别"选项：默认情况下，"包含段落样式"列表中添加的每个项目比它的直接上层项目低一级。可以通过为选定段落样式指定新的级别编号来更改这一层次。

"接排"选项：所有目录条目接排到某一个段落中。

"包含隐藏图层上的文本"选项：在目录中包含隐藏图层上的段落。当创建其自身在文档中为不可见文本的广告商名单或插图列表时，选取此选项。

　　设置需要的选项，如图10-39所示，单击"确定"按钮，将出现载入的文本光标，在页面中需要的位置拖曳光标，创建目录，如图10-40所示。

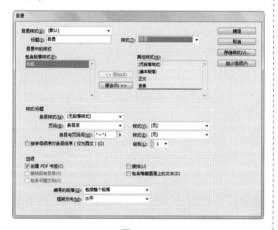

图10-39

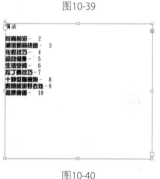

图10-40

🔍 注意

　　拖曳光标时应避免将目录框架串接到文档中的其他文本框架。如果替换现有目录，则整篇文章都将被更新后的目录替换。

10.1.3　创建具有定位符前导符的段落样式和目录条目

1. 创建具有定位符前导符的段落样式

　　选择"窗口 > 样式 > 段落样式"命令，弹出"段落样式"面板。双击应用目录条目段落样式的名称，弹出"段落样式选项"对话框，单击

左侧的"制表符"选项，弹出相应的面板，如图10-41所示。选择"右对齐制表符"图标，在标尺上单击放置定位符，在"前导符"选项中输入一个句点（.），如图10-42所示，单击"确定"按钮，创建具有制表符前导符的段落样式。

图10-41

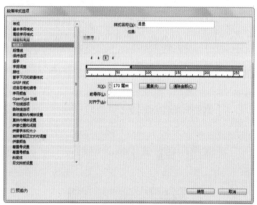

图10-42

2. 创建具有定位符前导符的目录条目

　　创建具有定位符前导符的段落样式。选择"版面 > 目录"命令，弹出"目录"对话框，在"包含段落样式"列表中选择在目录显示中带定位符前导符的项目，在"条目样式"选项中选择包含定位符前导符的段落样式，单击"更多选项"按钮，在"条目与页码间"选项中设置（ ^t ），如图10-43所示，单击"确定"按钮，创建具有定位符前导符的目录条目，效果如图10-44所示。

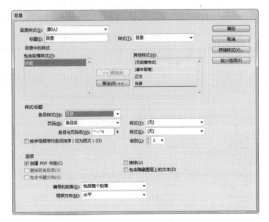

图10-43

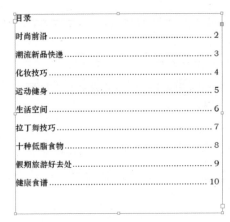

图10-44

10.2 创建书籍

书籍文件是一个可以共享样式、色板、主页及其他项目的文档集。可以按顺序给编入书籍的文档中的页面编号，打印书籍中选定的文档或者将它们导出为PDF文档。

10.2.1 课堂案例——制作杂志书籍

【案例学习目标】学习使用书籍面板制作杂志书籍。

【案例知识要点】使用新建书籍命令和添加文档命令制作杂志书籍，如图10-45所示。

【效果所在位置】Ch10/效果/制作杂志书籍.indb。

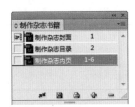

图10-45

（1）选择"文件 > 新建 > 书籍"命令，弹出"新建书籍"对话框，将文件命名为"制作杂志书籍"，如图10-46所示。单击"保存"按钮，弹出"制作杂志书籍"面板，如图10-47所示。

（2）单击面板下方的"添加文档"按钮，弹出"添加文档"对话框，选取"制作杂志封面""制作杂志目录""制作杂志内页"，

单击"打开"按钮，将其添加到"杂志书籍"面板中，如图10-48所示。

图10-46

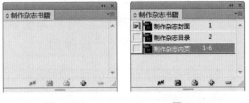

图10-47   图10-48

（3）单击"制作杂志书籍"面板下方的"存储书籍"按钮，杂志书籍制作完成。

10.2.2 在书籍中添加文档

单击"书籍"面板下方的"添加文档"按钮 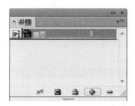，弹出"添加文档"对话框，选取需要的文件，如图10-49所示。单击"打开"按钮，在"书籍"面板中添加文档，如图10-50所示。

图10-49

图10-50

单击"书籍"面板右上方的图标，在弹出的菜单中选择"添加文档"命令，弹出"添加文档"对话框，选取需要的文档，单击"打开"按钮，可添加文档。

10.2.3 管理书籍文件

每个打开的书籍文件均显示在"书籍"面板中各自的选项卡中。如果同时打开了多本书籍，则单击某个选项卡可将对应的书籍调至前面，从而访问其面板菜单。

文档条目后面的图标表示当前文档的状态。

没有图标出现表示关闭的文件。

图标表示文档被打开。

图标表示文档被移动、重命名或删除。

图标表示在书籍文件关闭后，被编辑过或重新编排页码的文档。

1. 存储书籍

单击"书籍"面板右上方的图标，在弹出的菜单中选择"将书籍存储为"命令，弹出"将书籍存储为"对话框，指定一个位置和文件名，单击"保存"按钮，可使用新名称存储书籍。

单击"书籍"面板右上方的图标，在弹出的菜单中选择"存储书籍"命令，将书籍保存。

单击"书籍"面板下方的"存储书籍"按钮，保存书籍。

2. 关闭书籍文件

单击"书籍"面板右上方的图标，在弹出的菜单中选择"关闭书籍"命令，关闭单个书籍。

单击"书籍"面板右上方的按钮，可关闭一起停放在同一面板中的打开的所有书籍。

3. 删除书籍文档

在"书籍"面板中选取要删除的文档，单击面板下方的"移去文档"按钮，从书籍中删除选取的文档。

在"书籍"面板中选取要删除的文档，单击"书籍"面板右上方的图标，在弹出的菜单中选择"移去文档"命令，从书籍中删除选取的文档。

4. 替换书籍文档

单击"书籍"面板右上方的图标，在弹出的菜单中选择"替换文档"命令，弹出"替换文档"对话框，指定一个文档，单击"打开"按钮，可替换选取的文档。

课堂练习——制作新娘杂志目录

【练习知识要点】使用置入命令和效果面板添加并编辑图片；使用段落样式面板和目录命令提取目录，效果如图10-51所示。

【素材所在位置】Ch10/素材/制作新娘杂志目录/01~04。

【效果所在位置】Ch10/效果/制作新娘杂志目录.indd。

图10-51

课后习题——制作新娘杂志书籍

【习题知识要点】使用新建书籍命令和添加文档命令制作书籍，效果如图10-52所示。

【素材所在位置】Ch10/素材/制作新娘杂志书籍/01~03。

【效果所在位置】Ch10/效果/制作新娘杂志书籍.indb。

图10-52

第 *11* 章

商业案例实训

本章介绍

　　本章的综合设计实训案例，根据商业设计项目的真实情境来训练学生利用所学知识完成商业设计项目。通过多个设计项目案例的演练，使学生进一步牢固掌握InDesign的强大操作功能和使用技巧，并应用好所学技能制作出专业的商业设计作品。

学习目标

◆ 掌握软件基础知识的使用方法。

◆ 了解InDesign的常用设计领域。

◆ 掌握InDesign在不同设计领域的使用技巧。

技能目标

◆ 掌握宣传单设计——招聘宣传单的制作方法。

◆ 掌握广告设计——电商广告的制作方法。

◆ 掌握杂志设计——美食杂志封面的制作方法。

◆ 掌握包装设计——鸡蛋包装的制作方法。

11.1.1 项目背景及要求

1. 客户名称

景逸商务有限公司。

2. 客户需求

景逸商务有限公司是一家新上市的电子商务有限公司,现为了公司更好地运营和发展,需要引进新的人才。要求以人才招聘为基础进行设计,设计要在体现公司特点的同时,让应聘者了解到公司待遇及相关福利、公司网址和面试地址等必要信息。

3. 设计要求

(1)画面色彩醒目而有朝气,给人亲近感。

(2)设计形式要直观醒目,识别度高。

(3)表现形式层次分明,具有吸引力。

(4)设计风格具有特色,能够引起应聘者的意向。

(5)设计规格为210mm(宽)×297mm(高)。

11.1.2 项目创意及制作

1. 素材资源

图片素材所在位置:本书学习资源中的"Ch11/素材/制作招聘宣传单/01"。

文字素材所在位置:本书学习资源中的"Ch11/素材/制作招聘宣传单/文字文档"。

2. 设计作品

设计作品参考效果所在位置:本书学习资源中的"Ch11/效果/制作招聘宣传单.indd",效果如图11-1所示。

图11-1

3. 制作要点

使用矩形工具、缩放命令、渐变羽化命令和贴入内部命令制作背景;使用椭圆工具、钢笔工具、相加按钮和投影命令制作会话框;使用文字工具、直线工具添加标题文字;使用文字工具、填充工具添加宣传单的相关信息。

11.1.3 案例制作及步骤

1. 制作背景

(1)选择"文件 > 新建 > 文档"命令,弹出"新建文档"对话框,设置如图11-2所示。单击"边距和分栏"按钮,弹出"新建边距和分栏"对话框,设置如图11-3所示,单击"确定"按钮,新建一个页面。选择"视图 > 其他 > 隐藏框架边缘"命令,将所绘制图形的框架边缘隐藏。

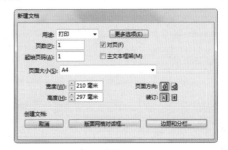

图11-2

图11-3

(2)选择"矩形"工具 ▣,绘制一个与页面相等大小的矩形。设置填充色的CMYK值为60、

10、88、0，填充图形，设置描边色为无，效果如图11-4所示。

图11-4

（3）保持图形选取状态。选择"对象 > 变换 > 缩放"命令，弹出"缩放"对话框，选项的设置如图11-5所示，单击"复制"按钮，复制并缩小图形，填充图形为黑色，效果如图11-6所示。

图11-5   图11-6

（4）选择"文件 > 置入"命令，弹出"置入"对话框，选择本书学习资源中的"Ch11 > 素材 > 制作招聘宣传单 > 01"文件，单击"打开"按钮，在页面的空白处单击鼠标左键置入图片。选择"自由变换"工具，将图片拖曳到适当的位置并调整其大小，效果如图11-7所示。

图11-7

（5）单击"控制"面板中的"向选定的目标添加对象效果"按钮，在弹出的菜单中选择"渐变羽化"命令，弹出"效果"对话框，选项的设置如图11-8所示，单击"确定"按钮，效果如图11-9所示。

图11-8

图11-9

（6）按<Ctrl>+<X>组合键将图片剪切到剪贴板上。选择"选择"工具，单击下方的黑色矩形，选择"编辑 > 贴入内部"命令，将图片贴入矩形的内部，效果如图11-10所示。

（7）选择"椭圆"工具，按住<Shift>键的同时，在适当的位置绘制一个圆形，效果如图11-11所示。选择"钢笔"工具，在适当的位置绘制一个闭合路径，如图11-12所示（为方便读者区分，这里用白色线条显示）。

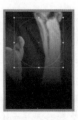

图11-10   图11-11   图11-12

（8）选择"选择"工具，按住<Shift>键的同时，单击圆形将其同时选取。选择"窗口 > 对象和版面 > 路径查找器"命令，弹出"路径查找器"面板，单击"相加"按钮，如图11-13所示，生成新对象，效果如图11-14所示。设置填充色的CMYK值为60、10、88、0，填充图形，设置描边色为无，效果如图11-15所示。

图11-13

图11-14　　　　　图11-15

（9）单击"控制"面板中的"向选定的目标添加对象效果"按钮 *fx.*，在弹出的菜单中选择"投影"命令，弹出"效果"对话框，选项的设置如图11-16所示，单击"确定"按钮，效果如图11-17所示。

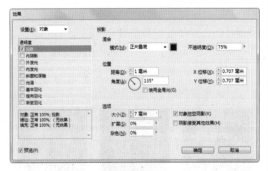

图11-16

图11-17

（10）选择"椭圆"工具 ，按住<Shift>键的同时，在适当的位置绘制一个圆形，设置

描边色为白色，并在"控制"面板中将"描边粗细" 0.283 点 选项设置为7点，按<Enter>键，效果如图11-18所示。设置填充色的CMYK值为60、10、88、0，填充图形，效果如图11-19所示。

图11-18　　　　　图11-19

（11）单击"控制"面板中的"向选定的目标添加对象效果"按钮 *fx.*，在弹出的菜单中选择"投影"命令，弹出"效果"对话框，选项的设置如图11-20所示。单击"确定"按钮，效果如图11-21所示。

图11-20

图11-21

（12）选择"选择"工具 ，按住<Alt>键的同时，向左下方拖曳圆形到适当的位置，复制圆形，设置描边色为无，效果如图11-22所示。

（13）连续按<Ctrl>+<[>组合键将圆形后移

到适当的位置,效果如图11-23所示。按住<Alt>键的同时,向右下方拖曳圆形到适当的位置,复制圆形,效果如图11-24所示。

(14)选择"文字"工具 T,在适当的位置分别拖曳文本框,输入需要的文字。将输入的文字选取,在"控制"面板中选择合适的字体并设置文字大小,取消文字选取状态,效果如图11-25所示。

图11-22   图11-23

图11-24   图11-25

(15)选择"直线"工具 ,按住<Shift>键的同时在适当的位置拖曳鼠标绘制一条直线,设置描边色为白色,并在"控制"面板中将"描边粗细" 0.203点 ▼选项设置为1点,按<Enter>键,效果如图11-26所示。

图11-26

(16)选择"选择"工具 ,按住<Alt>键的同时,向左下方拖曳直线到适当的位置,复制直线,效果如图11-27所示。在"控制"面板中将"旋转角度" △ 0° ▼选项设置为-32°,按<Enter>键旋转图形,效果如图11-28所示。

图11-27   图11-28

2. 添加其他相关信息

(1)选择"椭圆"工具 ,按住<Shift>键的同时,在适当的位置绘制圆形,设置填充色的CMYK值为60、10、88、0,填充图形,设置描边色为无,效果如图11-29所示。

图11-29

(2)选择"文字"工具 T,在适当的位置拖曳一个文本框,输入需要的文字并选取文字,在"控制"面板中选择合适的字体和文字大小。填充文字为白色,取消文字的选取状态,效果如图11-30所示。

图11-30

(3)选取并复制记事本文档中需要的文字。返回到InDesign页面中,选择"文字"工具 T,在适当的位置拖曳一个文本框,将复制的文字粘贴到文本框中,将输入的文字选取,在"控制"面板中选择合适的字体并设置文字大小,填充文字为白色,效果如图11-31所示。选取文字"接听电话…考勤情况",在"控制"面板中设置文字大小,将"行距" 0点 ▼选项设置为14,按<Enter>键,效果如图11-32所示。

图11-31

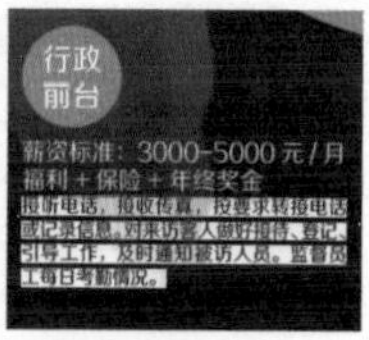

图11-32

（4）保持文字的选取状态。设置文字填充色的CMYK值为60、10、88、0，填充文字，取消文字的选取状态，效果如图11-33所示。

图11-33

（5）使用相同的方法制作其他图形和文字，效果如图11-34所示。选取并复制记事本文档中需要的文字。返回到InDesign页面中，选择“文字”工具，在适当的位置拖曳一个文本框，将复制的文字粘贴到文本框中，将输入的文字选取，在“控制”面板中选择合适的字体并设置文字大小，填充文字为白色，效果如图11-35所示。

图11-34

图11-35

（6）选择“椭圆”工具，按住<Shift>键的同时，在适当的位置绘制一个圆形，设置填充色的CMYK值为64、0、60、13，填充图形，设置描边色为无，效果如图11-36所示。

图11-36

（7）选择“选择”工具，按住<Alt>+<Shift>组合键的同时，水平向右拖曳图形到适当的位置，复制图形，效果如图11-37所示。在“控制”面板中将“不透明度” 100% 选项设置为92%，按<Enter>键，效果如图11-38所示。

图11-37

图11-38

（8）使用相同的方法再复制4个图形并调整其不透明度，效果如图11-39所示。选择“选择”工具，按住<Shift>键的同时，将所绘制的图形同时选取，按住<Alt>+<Shift>组合键的同时，水平向右拖曳图形到适当的位置，复制图形，效果如图11-40所示。

图11-39

图11-40

（9）选取并复制记事本文档中需要的文字。返回到InDesign页面中，选择“文字”工具，在适当的位置拖曳一个文本框，将复制的文字粘贴到文本框中，将输入的文字选取，在“控制”面板中选择合适的字体并设置文字大小，填充文字为白色，效果如图11-41所示。在“控制”面板中将“行距” 0点 选项设置为18点，按<Enter>键，取消文字的选取状态，最终效果如图11-42所示。招聘宣传单制作完成。

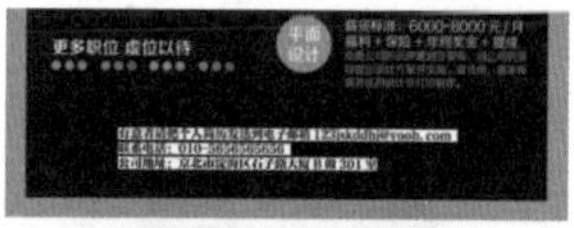

图11-41

图11-42

课堂练习1——制作手机宣传单

练习1.1　项目背景及要求

1. 客户名称

爱信营业厅。

2. 客户需求

爱信通信集团有限公司是一家基于GSM，TD-SCDMA和TD-LTE制式网络的移动通信运营商。公司现在推出年前优惠活动，需要制作广告。广告设计要求内容清晰直观，使消费者印象深刻。

3. 设计要求

（1）使用手机的形象，点明主题，使人一目了然。

（2）广告设计要求内容丰富，图文搭配合理。

（3）使用红色作为背景色，给人一种热情、喜庆的感觉。

（4）标题的文字要求使用渐变色，能够吸引消费者的注意。

（5）设计规格为210mm（宽）×285mm（高）。

练习1.2　项目创意及制作

1. 素材资源

图片素材所在位置：本书学习资源中的"Ch11/素材/制作手机宣传单/01、02"。

文字素材所在位置：本书学习资源中的"Ch11/素材/制作手机宣传单/文字文档"。

2. 作品参考

设计作品参考效果所在位置：
本书学习资源中的"Ch11/效果/制作
手机宣传单.indd"，效果如图11-43
所示。

3. 制作要点

使用矩形工具和渐变工具制作
背景效果；使用置入命令添加宣传
主体；使用文本工具、字符面板和
渐变工具制作宣传文字和其他宣传
信息；使用椭圆工具、钢笔工具和
路径查找器面板制作小标签。

图11-43

练习2.1 项目背景及要求

1. 客户名称

新都市房地产。

2. 客户需求

新都市房地产公司从成立到现在，短短两年的时间，规模和资本不断扩张，已涉足餐饮、房地产、物流和生态旅游开发等行业，其发展速度之快、涉及领域之广、市场回报之高在房地产企业中是屈指可数的。本案例是为新开发的住宅区设计宣传单。设计要求体现出高端住宅区，环境优美、居住舒心、适宜修养身心的特点。

3. 设计要求

（1）画面要形象生动，带有实景照片。

（2）设计形式要直观醒目，体现出高端住宅区的特点。

（3）画面色彩要丰富多样，表现形式层次分明，具有吸引力。

（4）设计风格具有特色，能够引起人们的共鸣，从而产生向往之情。

（5）设计规格为297mm（宽）×210mm（高）。

练习2.2 项目创意及制作

1. 素材资源

图片素材所在位置： 本书学习资源中的"Ch11/素材/制作房地产宣传单/01~06"。

文字素材所在位置： 本书学习资源中的"Ch11/素材/制作房地产宣传单/文字文档"。

2. 作品参考

设计作品参考效果所在位置： 本书学习资源中的"Ch11/效果/制作房地产宣传单.indd"，效果如图11-44所示。

3. 制作要点

使用置入命令和效果面板置入并编辑图片；使用置入命令和文字工具添加广告语；使用矩形工具、角选项命令和描边面板绘制虚线矩形。

图11-44

课后习题1——制作大闸蟹宣传单

习题1.1　项目背景及要求

1. 客户名称

丽湖大闸蟹。

2. 客户需求

丽湖大闸蟹，蟹身不沾泥，称为清水大闸蟹，具有体大膘肥，青壳白肚，肉质膏腻的特点，置于玻璃板上能迅速爬行。金风送爽之时，正是大闸蟹上市的旺季，现逢中秋佳节，特推出优惠活动，要求为优惠活动设计宣传单。设计要求体现出蟹大味美、价格优惠的特点。

3. 设计要求

（1）画面设计版式简单大方，图文搭配合理。

（2）设计形式要直观醒目。

（3）画面色彩要丰富多样，引起人的食欲。

（4）设计风格具有特色，表现形式层次分明，具有吸引力。

（5）设计规格为210mm（宽）×285mm（高）。

习题1.2　项目创意及制作

1. 素材资源

图片素材所在位置： 本书学习资源中的"Ch11/素材/制作大闸蟹宣传单/01"。

文字素材所在位置： 本书学习资源中的"Ch11/素材/制作大闸蟹宣传单/文字文档"。

2. 作品参考

设计作品参考效果所在位置： 本书学习资源中的"Ch11/效果/制作大闸蟹宣传单.indd"，效果如图11-45所示。

图11-45

3. 制作要点

使用矩形工具、渐变色板工具绘制背景；使用文字工具、渐变色板工具添加主题文字；使用文字工具添加其他相关信息。

习题2.1 项目背景及要求

1. 客户名称

兴兴商场。

2. 客户需求

兴兴商场是一家综合性购物商场。现为庆祝五一劳动节，兴兴商场推出促销活动，需要针对本次活动制作一款海报。海报要求将本次活动的主题表现得清楚明了，并且能够让人感到耳目一新。

3. 设计要求

（1）海报要色彩丰富，能吸引人的视线。

（2）海报的风格能够让人感受到清凉、舒适。

（3）标题设计醒目，能够快速吸引大众的视线。

（4）海报信息简洁明了，能够使顾客迅速提取需要的信息。

（5）设计规格为297mm（宽）×210mm（高）。

习题2.2 项目创意及制作

1. 素材资源

图片素材所在位置： 本书学习资源中的"Ch11/素材/制作商场购物宣传单/01~05"。

文字素材所在位置： 本书学习资源中的"Ch11/素材/制作商场购物宣传单/文字文档"。

2. 作品参考

设计作品参考效果所在位置： 本书学习资源中的"Ch11/效果/制作商场购物宣传单.indd"，效果如图11-46所示。

3. 制作要点

使用置入命令置入图片；使用文字工具、填充工具添加文字；使用多边形工具和矩形工具绘制装饰图形；使用矩形工具、描边面板制作虚线框；使用投影命令为文字添加投影。

图11-46

11.2 广告设计——制作电商广告

11.2.1 项目背景及要求

1. 客户名称

美义女鞋官方旗舰店。

2. 客户需求

美义女鞋国际控股有限公司创立自有品牌"美义"，制造及销售女装及鞋类，是非常成功的国产品牌。美义女鞋官方旗舰店在迎接元旦到来之际，推出多款反季促销商品，折扣两折起，需要制作广告。广告设计要体现鞋子的高端品质，要能很快吸引消费者的注意，突出宣传主体。

3. 设计要求

（1）广告界面布局合理，突出宣传性文字。

（2）封面以促销款女鞋的照片为主体，点出主题。

（3）运用文字突出广告语，达到着重宣传促销信息的作用。

（4）文字与图片相结合，相互衬托。

（5）设计规格为366mm（宽）×170mm（高）。

11.2.2 项目创意及制作

1. 素材资源

图片素材所在位置：本书学习资源中的"Ch11/素材/制作电商广告/01"。

文字素材所在位置：本书学习资源中的"Ch11/素材/制作电商广告/文字文档"。

2. 设计作品

设计作品参考效果所在位置：本书学习资源中的"Ch11/效果/制作电商广告.indd"，效果如图11-47所示。

图11-47

3. 制作要点

使用矩形工具绘制背景图形；使用钢笔工具、直线工具和多重复制命令制作分割色块；使用椭圆工具和效果面板制作装饰圆形；使用文字工具和字符面板制作添加需要的信息；使用置入命令导入主体图片。

11.2.3 案例制作及步骤

1. 绘制背景

（1）选择"文件 > 新建 > 文档"命令，弹出"新建文档"对话框，设置如图11-48所示。单击"边距和分栏"按钮，弹出对话框，选项的设置如图11-49所示，单击"确定"按钮，新建一个页面。选择"视图 > 隐藏框架边缘"命令，将所绘制图形的框架边缘隐藏。

图11-48

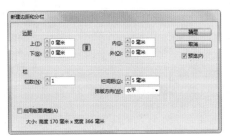

图11-49

（2）选择"矩形"工具 ▣，绘制一个与页面大小相等的矩形，如图11-50所示。设置填充色的CMYK值为0、20、5、0，填充图形，设置描边色为无，效果如图11-51所示。

图11-50

图11-51

（3）选择"钢笔"工具 ✑，在适当的位置绘制路径，设置填充色的CMYK值为0、86、31、27，填充图形，设置描边色为无，效果如图11-52所示。

（4）选择"钢笔"工具 ✑，在适当的位置再绘制路径，设置填充色的CMYK值为0、86、31、0，填充图形，设置描边色为无，效果如图11-53所示。

图11-52

图11-53

（5）选择"直线"工具 ╱，按住<Shift>键的同时，在页面中拖曳鼠标绘制直线，如图11-54所示。在"控制"面板中将"描边粗细" 0.283点 选项设置为0.5点，按<Enter>键。按<Alt>+<Ctrl>+<U>组合键，弹出"多重复制"对话框，选项的设置如图11-55所示。单击"确定"按钮，效果如图11-56所示。

图11-54

图11-55

图11-56

（6）选择"选择"工具 ▸，用圈选的方法将直线全部选中，按<Ctrl>+<G>组合键将其编组。在"控制"面板中将"旋转角度" △ 0° 选项设置为10.8°，按<Enter>键将图形旋转，填充描边为白色。按<Ctrl>+<X>组合键将其剪切，选取下方的多边形，选择"编辑 > 贴入内部"命令，将图形组贴入多边形内部，效果如图11-57所示。

（7）选择"椭圆"工具 ◯，按住<Shift>键的同时，在适当的位置拖曳鼠标绘制圆形，设置填充色的CMYK值为0、42、0、0，填充图形，设置描边色为无，如图11-58所示。在"控制"面板中将"不透明度" 100% 选项设置为35％，按<Enter>键，效果如图11-59所示。使用相同的方法绘制其他圆形，效果如图11-60所示。

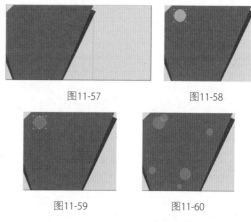

图11-57

图11-58

图11-59

图11-60

2. 添加并编辑标题文字

（1）选择"文字"工具 Ⓣ，在页面中拖曳一个文本框，输入需要的文字。将输入的文字选取，在"控制"面板中选择合适的字体并设置文字大小，设置文字填充色的CMYK值为0、79、

27、31，填充文字。在页面空白处单击，取消文字的选取状态，效果如图11-61所示。

（2）选择"选择"工具，按住<Alt>键的同时，向左上方拖曳文字到适当的位置，复制文字。设置文字填充色的CMYK值为0、0、70、0，填充文字。在页面空白处单击，取消文字的选取状态，效果如图11-62所示。

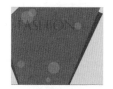 

图11-61　　　　　图11-62

（3）选择"矩形"工具，在适当的位置拖曳鼠标绘制矩形，设置图形填充色的CMYK值为0、0、70、0，填充图形，设置描边色为无，效果如图11-63所示。

（4）选择"矩形"工具，在适当的位置拖曳鼠标绘制矩形，设置图形填充色的CMYK值为0、0、70、0，填充图形，设置描边色为无，效果如图11-64所示。

图11-63　　　　　图11-64

（5）选择"文字"工具，在页面中拖曳一个文本框，输入需要的文字。将输入的文字选取，在"控制"面板中选择合适的字体并设置文字大小，填充文字为白色。在页面空白处单击，取消文字的选取状态，效果如图11-65所示。

（6）选择"矩形"工具，在适当的位置拖曳鼠标绘制矩形，填充图形为白色，设置描边色为无，如图11-66所示。选择"添加锚点"工具，在矩形右上角的适当位置单击鼠标左键添加一个锚点，效果如图11-67所示。选择"直接选择"工具，拖曳右上角的锚点到适当的位置，如图11-68所示。

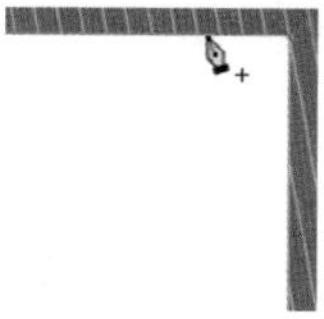

图11-67 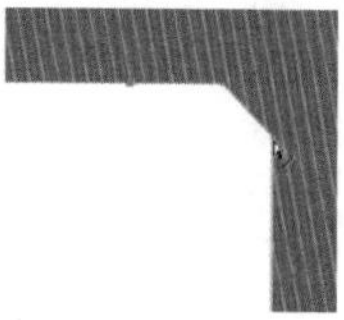　　　　　图11-68

（7）选择"文字"工具，在页面中拖曳一个文本框，输入需要的文字。将输入的文字选取，在"控制"面板中选择合适的字体并设置文字大小，效果如图11-69所示。选择"文字 > 创建轮廓"命令，将文字转换为图形，按住<Shift>键的同时，向右下角拖曳控制手柄，调整文字的大小，如图11-70所示。

图11-69 　　　　　图11-70

（8）选择"选择"工具，按住<Shift>键的同时，选择文字和白色矩形，选择"对象 > 路径查找器 > 减去"命令，效果如图11-71所示。

（9）选择"文字"工具，在页面中拖曳一个文本框，输入需要的文字。将输入的文字选取，在"控制"面板中选择合适的字体并设置文字大小，填充文字为白色，效果如图11-72所示。

图11-71　　　　　图11-72

（10）在页面中拖曳一个文本框，输入需要的文字。将输入的文字选取，在"控制"面板中选择合适的字体并设置文字大小，填充文字为白色，效果如图11-73所示。

图11-73

（11）选择"钢笔"工具 ，在适当的位置
绘制路径，填充图形为白色，设置描边色为无，
效果如图11-74所示。

图11-74

（12）选择"文字"工具 ，在页面中拖
曳一个文本框，输入需要的文字。将输入的文字
选取，在"控制"面板中选择合适的字体并设置
文字大小，设置文字填充色的CMYK值为0、82、
31、0，填充文字，效果如图11-75所示。

图11-75

（13）选择"选择"工具 ，选择需要的
圆形，如图11-76所示。选择"椭圆"工具 ，
按住<Shift>+<Alt>组合键的同时，以选取圆形
的中心点为中心绘制圆形，设置图形填充色的
CMYK值为0、81、11、0，填充图形，效果如图
11-77所示。

图11-76

图11-77

（14）选择"文字"工具 ，在页面中拖
曳一个文本框，输入需要的文字。将输入的文字
选取，在"控制"面板中选择合适的字体并设
置文字大小，填充文字为白色，效果如图11-78
所示。

图11-78

（15）选择"椭圆"工具 ，在适当的位置
拖曳鼠标绘制椭圆，设置填充色的CMYK值为0、
27、15、0，填充图形，效果如图11-79所示。

图11-79

（16）选择"椭圆"工具 ，在适当的位置
拖曳鼠标绘制椭圆，设置填充色的CMYK值为0、
49、31、0，填充图形，效果如图11-80所示。

图11-80

（17）选择"钢笔"工具 ，在适当的位
置绘制路径，设置填充色的CMYK值为0、79、
71、0，填充图形，设置描边色为无，效果如
图11-81所示。在"控制"面板中将"不透明

度"  选项设置为64％，按<Enter>键，效果如图11-82所示。

图11-81

图11-82

（18）选择"文字"工具 T ，在页面中拖曳一个文本框，输入需要的文字。将输入的文字选取，在"控制"面板中选择合适的字体并设置文字大小，填充文字为白色，效果如图11-83所示。

（19）选择"文字"工具 T ，在页面中拖曳一个文本框，输入需要的文字。将输入的文字选取，在"控制"面板中选择合适的字体并设置文字大小，设置填充色的CMYK值为0、0、100、0，填充文字，效果如图11-84所示。选取需要的文字，如图11-85所示，在"控制"面板中将"字体大小"选项设为14点，效果如图11-86所示。

图11-83

图11-84

图11-85

图11-86

（20）选择"文字"工具 T ，在页面中拖曳

一个文本框，输入需要的文字。将输入的文字选取，在"控制"面板中选择合适的字体并设置文字大小，设置填充色的CMYK值为0、0、100、0，填充文字，效果如图11-87所示。

图11-87

（21）按<Ctrl>+<D>组合键，弹出"置入"对话框，选择本书学习资源中的"Ch11 > 素材 > 制作电商广告 > 01"文件，单击"打开"按钮，在页面中单击鼠标左键置入图片，并将其拖曳到适当的位置，效果如图11-88所示。

图11-88

（22）按<Ctrl>+<C>组合键复制图片。按<Ctrl>+<V>组合键粘贴图片，将图片拖曳到适当的位置并调整其大小，效果如图11-89所示。单击"控制"面板中的"水平翻转"按钮 ，水平翻转图片并将图片拖曳到适当的位置，效果如图11-90所示。

图11-89

图11-90

（23）选择需要的图片，如图11-91所示。按<Ctrl>+<C>组合键复制图片。按<Ctrl>+<V>组合键粘贴图片，单击"控制"面板中的"垂直翻转"按钮，垂直翻转图片并将图片拖曳到适当的位置，效果如图11-92所示。连续按<Ctrl>+<[>组合键将图片后移到合适的位置，效果如图11-93所示。在"控制"面板中将"旋转角度" △ 0° 选项设置为5°，按<Enter>键旋转图片并将其拖曳到适当的位置，效果如图11-94所示。

图11-91

图11-92

图11-93

图11-94

（24）单击"控制"面板中的"向选定的目标添加对象效果"按钮，在弹出的菜单中选择"渐变羽化"命令，在弹出的对话框中进行设置，如图11-95所示。单击"确定"按钮，效果如图11-96所示。

图11-95

图11-96

（25）在"控制"面板中将"不透明度" 100% 选项设置为15％，按<Enter>键，效果如图11-97所示。使用相同的方法制作其他效果，如图11-98所示。至此，电商广告制作完成。

图11-97

图11-98

课堂练习1——制作环保公益广告

练习1.1 项目背景及要求

1. 客户名称

新叶环保有限公司。

2. 客户需求

新叶环保有限公司是一家涉及自然科学和社会科学等多方领域的环保公司。公司涉及范围广、综合性强，以合理利用自然资源，使自然环境同人文环境、经济环境共同平衡可持续发展为宗旨。现新的生态保护小区建成，为宣传人与自然和谐生存提供较大的参考价值。需特为此制作一款海报，海报要求将本次活动的主题表现得清楚明了，并且能够让人感到耳目一新。

3. 设计要求

（1）海报要求色彩搭配合理，体现出环境保护的特点。

（2）海报的风格能够让人感受到清凉、舒适。

（3）标题设计醒目，能够快速吸引大众的视线，点明主旨。

（4）页面布局合理，图文搭配恰当使画面干净整洁，与环保相呼应。

（5）设计规格均为210mm（宽）×297mm（高）。

练习1.2 项目创意及制作

1. 素材资源

图片素材所在位置：本书学习资源中的"Ch11/素材/制作环保公益广告/01~03"。

文字素材所在位置：本书学习资源中的"Ch11/素材/制作环保公益广告/文字文档"。

2. 作品参考

设计作品参考效果所在位置：本书学习资源中的"Ch11/效果/制作环保公益广告.indd"，效果如图11-99所示。

图11-99

3. 制作要点

使用置入命令添加图片；使用文字工具、描边面板和投影命令添加标题文字；使用直线工具、描边面板添加装饰线；使用文字工具添加正文。

课堂练习2——制作健身广告

练习2.1　项目背景及要求

1. 客户名称

健身99俱乐部。

2. 客户需求

健身99俱乐部是一家大众健身俱乐部。俱乐部里有先进的设备、周全的课程设置和强大的教练员班底，健身项目包括有氧健身操、肌肉健美等，并从中派生出一些新的健身项目，如街舞、踏板操、拉丁健美操、爵士健美操及瑜伽和形体操等。现推出"45天强化健身运动"，需为此设计健身广告。要求体现出健身计划内容及达到的效果。

3. 设计要求

（1）广告内容以健身照片为主，图形与图片相结合，相互衬托。

（2）色彩要搭配合理，体现出运动带来的刺激与收获。

（3）标题设计简单大气，能够快速吸引大众的视线，点明主旨。

（4）整体设计要紧扣主题，能使人产生运动的欲望。

（5）设计规格均为210mm（宽）×285mm（高）。

练习2.2　项目创意及制作

1. 素材资源

图片素材所在位置：本书学习资源中的"Ch11/素材/制作健身广告/01~03"。

文字素材所在位置：本书学习资源中的"Ch11/素材/制作健身广告/文字文档"。

2. 作品参考

设计作品参考效果所在位置：本书学习资源中的"Ch11/效果/制作健身广告.indd"，效果如图11-100所示。

3. 制作要点

使用置入命令、钢笔工具和填充工具制作背景效果；使用文字工具、X切变角度和渐变色板工具制作标题文字；使用投影命令为文字添加投影效果；使用文字工具添加其他相关信息。

图11-100

课后习题1——制作茶艺广告

习题1.1　项目背景及要求

1．客户名称

清心茶坊。

2．客户需求

清心茶坊是爱茶者的乐园，也是休息、消遣和交际的场所。茶坊不仅是一种产业，更是一种文化。服务的主题是倡导绿色、环保和健康的生活，用高品质的原材料，烹制高品位的生活享受。现推出新品大红袍，要求制作宣传广告，能够适用于街头派发及公告栏展示。

3．设计要求

（1）广告内容以茶树照片为主，体现出产品特色。

（2）画面色彩淡雅，具有水墨特色，以体现出茶艺的韵味。

（3）画面要层次分明，充满韵律感和节奏感。

（4）整体设计要寓意深远且紧扣主题，能使人产生购买欲望。

（5）设计规格均为210mm（宽）×285mm（高）。

习题1.2　项目创意及制作

1．素材资源

图片素材所在位置：本书学习资源中的"Ch11/素材/制作茶艺广告/01~03"。

文字素材所在位置：本书学习资源中的"Ch11/素材/制作茶艺广告/文字文档"。

2．作品参考

设计作品参考效果所在位置：本书学习资源中的"Ch11/效果/制作茶艺广告.indd"，效果如图11-101所示。

图11-101

3．制作要点

使用置入命令和效果面板制作底图；使用直排文字工具添加文字；使用钢笔工具和直排文字工具制作印章效果。

课后习题2——制作化妆品广告

习题2.1　项目背景及要求

1. 客户名称

ELAINE化妆品集团公司。

2. 客户需求

ELAINE化妆品集团公司是一家专门制造和经营美妆品的公司。公司最近推出新款水润菁华霜，是针对敏感性肌肤设计的，现进行促销活动，需要制作一幅针对此次活动的促销广告，要求能够体现该产品的特色。

3. 设计要求

（1）广告内容以产品图片为主，突出对产品的宣传和介绍。

（2）色调要明亮宽广，能增强视觉宽广度，带给人舒适、爽快的印象。

（3）画面要有层次感，突出主要信息。

（4）整体设计要展现出产品的功能特色及优势特性，能使人产生购买欲望。

（5）设计规格均为160mm（宽）×120mm（高）。

习题2.2　项目创意及制作

1. 素材资源

图片素材所在位置：本书学习资源中的"Ch11/素材/制作化妆品广告/01~04"。

文字素材所在位置：本书学习资源中的"Ch11/素材/制作化妆品广告/文字文档"。

2. 作品参考

设计作品参考效果所在位置：本书学习资源中的"Ch11/效果/制作化妆品广告.indd"，效果如图11-102所示。

3. 制作要点

使用置入命令置入图片；使用文字工具添加宣传文字；使用矩形工具、角选项命令和文字工具制作购买按钮；使用投影命令为按钮添加投影效果。

图11-102

11.3 杂志设计——制作美食杂志封面

11.3.1 项目背景及要求

1. 客户名称

人在食途杂志。

2. 客户需求

《人在食途》是一本专业的美食杂志，主要介绍新的美食信息，提供实用的旅行计划，展现时尚生活和美食餐厅等信息。本例是为杂志制作封面，要求符合主题，体现出各类美食餐厅、旅游景点、电玩城等信息。

3. 设计要求

（1）画面要求表现美食杂志的特色，设计具有创意，具有独特的表现力。

（2）整个画面的视觉流程流畅，简洁大方。

（3）色彩搭配丰富跳跃，能够让人观看起来心情愉悦。

（4）设计风格具有特色，版式布局相对集中紧凑、合理有序。

（5）设计规格均为210mm（宽）×297mm（高）。

11.3.2 项目创意及制作

1. 素材资源

图片素材所在位置：本书学习资源中的"Ch11/素材/制作美食杂志封面/01~02"。

文字素材所在位置：本书学习资源中的"Ch11/素材/制作美食杂志封面/文字文档"。

2. 设计作品

设计作品参考效果所在位置：本书学习资源中的"Ch11/效果/制作美食杂志封面.indd"，效果如图11-103所示。

图11-103

3. 制作要点

使用椭圆工具和描边面板制作虚线效果；使用椭圆工具、钢笔工具和路径查找器面板制作装饰图形；使用文字工具和X切变角度选项制作倾斜文字；使用投影命令为文字添加投影效果；使用文字工具和段落面板编辑文字；使用项目符号列表按钮添加段落文字的项目符号。

11.3.3 案例制作及步骤

1. 绘制背景

（1）选择"文件 > 新建 > 文档"命令，弹出"新建文档"对话框，设置如图11-104所示。单击"边距和分栏"按钮，弹出"新建边距和分栏"对话框，设置如图11-105所示，单击"确定"按钮，新建一个页面。选择"视图 > 其他 > 隐藏框架边缘"命令，将所绘制图形的框架边缘隐藏。

图11-104

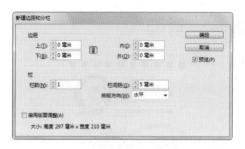

图11-105

（2）选择"矩形"工具 ▣，绘制一个与页面大小相等的矩形，填充图形为白色，设置描边色为无，如图11-106所示。选择"椭圆"工具 ◯，按住<Shift>键的同时，在适当的位置绘制一个圆形，如图11-107所示。

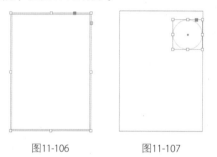

图11-106　　　　　　　图11-107

（3）选择"窗口 > 描边"命令，弹出"描边"面板，在"类型"选项的下拉列表中选择"虚线（4和4）"，其他选项的设置如图11-108所示，虚线圆效果如图11-109所示。

图11-108　　　　　　　图11-109

（4）选择"选择"工具 ▶，按住<Alt>键的同时，向下拖曳图形到适当的位置，复制图形。按住<Shift>键的同时，向外拖曳控制手柄，调整图形的大小，效果如图11-110所示。使用相同的方法再复制2个图形，并调整其大小，效果如图11-111所示。

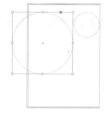 

图11-110　　　　　　　图11-111

（5）选择"椭圆"工具 ◯，按住<Shift>键的同时，在适当的位置拖曳鼠标绘制一个圆形，填充图形为黑色，并设置描边色为无，效果如图11-112所示。按<Ctrl>+<C>组合键复制图形。在"控制"面板中将"不透明度" ⊠ 100% ▸ 选项设置为58%，按<Enter>键，效果如图11-113所示。

 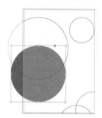

图11-112　　　　　　　图11-113

（6）按<Ctrl>+<V>组合键粘贴图形。选择"选择"工具 ▶，将图形拖曳到适当的位置，效果如图11-114所示。

（7）选择"文件 > 置入"命令，弹出"置入"对话框，选择本书学习资源中的"Ch11 > 素材 > 制作美食杂志 > 01"文件，单击"打开"按钮，在页面空白处单击鼠标左键置入图片。选择"自由变换"工具 ▦，将图片拖曳到适当的位置并调整其大小，效果如图11-115所示。

图11-114　　　　　　　图11-115

（8）选择"选择"工具 ▶，按住<Shift>键的同时，选取需要的图形，按<Ctrl>+<G>组合键将其编组，如图11-116所示。按<Ctrl>+<X>组合键将编组图形剪切到剪贴板上。单击下方的矩形，选择"编辑 > 贴入内部"命令，将图形贴入矩形的内部，效果如图11-117所示。

（9）选择"矩形"工具 ，在页面左上角绘制一个矩形，设置填充色的CMYK值为0、100、100、0，填充图形，设置描边色为无，效果如图11-118所示。

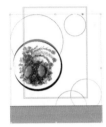 

图11-116　　　　　图11-117　　　　图11-118

（10）选择"对象 > 角选项"命令，在弹出的对话框中进行设置，如图11-119所示，单击"确定"按钮，效果如图11-120所示。

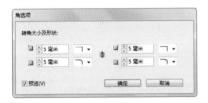

图11-119　　　　　　　图11-120

（11）单击"控制"面板中的"向选定的目标添加对象效果"按钮 ，在弹出的菜单中选择"投影"命令，弹出"效果"对话框，选项的设置如图11-121所示。单击"确定"按钮，效果如图11-122所示。

图11-121

（12）选择"选择"工具 ，按住<Alt>+<Shift>组合键的同时，水平向右拖曳图形到适当的位置，复制图形，填充图形为白色，效果如图11-123所示。按住<Shift>键的同时，单击原图形将其同时选取，按住<Alt>+<Shift>组合键的同时水平向右拖曳图形到适当的位置，复制图形，效果如图11-124所示。按<Ctrl>+<Alt>+<4>组合键，按需要再复制多个图形，效果如图11-125所示。

图11-122　　　图11-123　　　　　图11-124

图11-125

2. 添加装饰图形和标题文字

（1）按<Ctrl>+<O>组合键，打开本书学习资源中的"Ch11 > 素材 > 制作美食杂志 > 02"文件，按<Ctrl>+<A>组合键将其全选。按<Ctrl>+<C>组合键复制选取的图形。返回到正在编辑的页面，按<Ctrl>+<V>组合键将其粘贴到页面中，选择"选择"工具 ，拖曳复制的图形到适当的位置，效果如图11-126所示。

（2）选择"椭圆"工具 ，按住<Shift>键的同时，在适当的位置拖曳鼠标绘制一个圆形，如图11-127所示。

图11-126　　　　　　　图11-127

（3）选择"钢笔"工具 ，在适当的位置绘制一个闭合路径，如图11-128所示。选择"选择"工具 ，按住<Shift>键的同时，将两个路径同时选取，如图11-129所示。

（4）选择"窗口 > 对象和版面 > 路径查找器"命令，弹出"路径查找器"面板，单击"相加"按钮 ，如图11-130所示，生成新对象，效果如图11-131所示。

（5）保持图形选取状态。设置填充色的CMYK值为0、100、100、0，填充图形，设置描边色为无，效果如图11-132所示。选择"椭圆"工具 ，按住<Shift>键的同时，在适当的位置绘制一个圆形，填充图形为白色，并设置描边色为无，效果如图11-133所示。

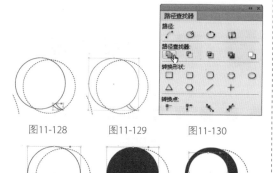

图11-128　　　图11-129　　　图11-130

图11-131　　　图11-132　　　图11-133

（6）选择"选择"工具 ，按住<Shift>键的同时，单击下方红色图形将其同时选取。选择"路径查找器"面板，单击"减去"按钮 ，如图11-134所示，生成新对象，效果如图11-135所示。

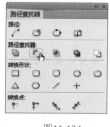

图11-134　　　　图11-135

（7）单击"控制"面板中的"向选定的目标添加对象效果"按钮 ，在弹出的菜单中选择"投影"命令，弹出"效果"对话框，选项的设置如图11-136所示，单击"确定"按钮，效果如图11-137所示。

图11-136

图11-137

（8）选择"文字"工具 ，在适当的位置分别拖曳文本框，输入需要的文字并选取文字。在"控制"面板中分别选择合适的字体和文字大小，取消文字的选取状态，效果如图11-138所示。

（9）选择"选择"工具 ，按住<Shift>键的同时，将输入的文字同时选取。单击工具箱中的"格式针对文本"按钮 ，设置文字填充色的CMYK值为0、100、100、0，填充文字，效果如图11-139所示。

图11-138　　　　　　图11-139

（10）选择"选择"工具 ，选取文字"人在"，在"控制"面板中将"X 切变角度" 选项设置为15°，按<Enter>键，文字倾斜变形，效果如图11-140所示。选取文字"途"，在"控制"面板中将"X 切变角度" 选项设置为15°，按<Enter>键，文字倾斜变形，效果如图11-141所示。

（11）选择"选择"工具 ，选取文字"食"，选择"文字 > 创建轮廓"命令，将文字转换为图形，如图11-142所示。

图11-140　　　图11-141　　　图11-142

（12）选择"直接选择"工具 ，按住 <Shift>键的同时，依次单击选取需要的节点，如图11-143所示。按<Delete>键将其删除，如图11-144所示。选择"钢笔"工具 ，在适当的位置绘制一个闭合路径，如图11-145所示。

图11-143　　　图11-144　　　图11-145

（13）选择"选择"工具 ，按住<Shift>键的同时，单击下方红色文字将其同时选取，如图11-146所示。选择"路径查找器"面板，单击"减去"按钮 ，如图11-147所示，生成新对象，效果如图11-148所示。

图11-146　　　　　　　图11-147

（14）选择"矩形"工具 ，在适当的位置绘制一个矩形，设置填充色的CMYK值为0、100、100、0，填充图形，设置描边色为无，效果如图11-149所示。选择"钢笔"工具 ，在适当的位置绘制一个闭合路径，如图11-150所示。

图11-148　　　图11-149　　　图11-150

（15）双击"渐变色板"工具 ，弹出"渐变"面板，在"类型"选项中选择"径向"，在色带上选中左侧的渐变色标，设置CMYK的值为0、50、46、0，选中右侧的渐变色标，设置CMYK的值为0、100、100、13，如图11-151所示。填充渐变色，并设置描边色为无，效果如图11-152所示。

图11-151　　　　　图11-152

（16）选择"椭圆"工具 ，按住<Shift>键的同时，在适当的位置绘制一个圆形，设置填充色的CMYK值为0、100、100、0，填充图形，设置描边色为无，效果如图11-153所示。

（17）选择"文字"工具 ，在适当的位置拖曳一个文本框，输入需要的文字并选取文字，在"控制"面板中选择合适的字体和文字大小，填充文字为白色，效果如图11-154所示。

图11-153　　　　　图11-154

（18）选择"文字"工具 ，在适当的位置拖曳一个文本框，输入需要的文字并选取文字，在"控制"面板中选择合适的字体和文字大小。设置文字填充色的CMYK值为47、0、100、0，填充文字，效果如图11-155所示。

（19）设置描边色为白色，填充描边。将"控制"面板中的"描边粗细" 0.283 选项设置为2，按<Enter>键，效果如图11-156所示。使用相同的方法制作其他文字，效果如图11-157所示。

图11-155　　　图11-156　　　图11-157

3. 添加介绍性文字

（1）选择"文字"工具 ，在适当的位置拖曳一个文本框，输入需要的文字并选取文字，在"控制"面板中选择合适的字体和文字大小，效果如图11-158所示。选取需要的文字，在"控制"面板中设置适当文字大小，效果如图11-159所示。

图11-158　　　　　　图11-159

（2）保持文字选取状态。选择"文字 > 段落"命令，弹出"段落"面板，将"左缩进"选项设置为61，其他选项的设置如图11-160所示，按<Enter>键，效果如图11-161所示。

图11-160　　　　　　图11-161

（3）选择"文字"工具，在适当的位置拖曳一个文本框，输入需要的文字并选取文字，在"控制"面板中选择合适的字体和文字大小，效果如图11-162所示。

（4）保持文字选取状态，设置文字填充色的CMYK值为100、34、0、0，填充文字，效果如图11-163所示。单击"控制"面板中的"向选定的目标添加对象效果"按钮，在弹出的菜单中选择"投影"命令，弹出"效果"对话框，设置投影颜色的CMYK值为0、100、0、0，其他选项的设置如图11-164所示，单击"确定"按钮，效果如图11-165所示。

图11-162　　　　　　图11-163

图11-164

图11-165

（5）选择"文字"工具，在适当的位置拖曳一个文本框，输入需要的文字。将输入的文字选取，在"控制"面板中选择合适的字体并设置文字大小，效果如图11-166所示。在"控制"面板中将"行距"选项设置为19，按<Enter>键，效果如图11-167所示。

（6）选择"文字"工具，选取需要的文字，设置文字填充色的CMYK值为0、100、100、0，填充文字，效果如图11-168所示。

图11-166　　　　图11-167　　　　图11-168

（7）选择"文字"工具，在适当的位置拖曳一个文本框，输入需要的文字。将输入的文字选取，在"控制"面板中选择合适的字体并设置文字大小，效果如图11-169所示。在"控制"面板中将"行距"选项设置为31，按<Enter>键，效果如图11-170所示。

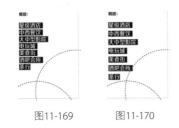

图11-169 图11-170

（8）保持文字的选取状态。按住<Alt>键的同时，单击"控制"面板中的"项目符号列表"按钮▤，在弹出的对话框中将"列表类型"设为项目符号，单击"添加"按钮，在弹出的"添加项目符号"对话框中选择需要的符号，如图11-171所示，单击"确定"按钮，回到"项目符号和编号"对话框中，设置如图11-172所示。单击"确定"按钮，效果如图11-173所示。

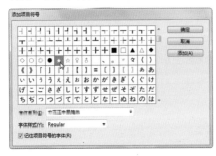

图11-171

图11-172

（9）选择"选择"工具▶，选择"文字 > 项目符号列表和编号列表 > 将项目符号和编号转换为文本"命令，将项目符号转换为文本。选择"文字"工具T，选取"星形"，如图11-174所示。设

置图形填充色的CMYK值为0、100、100、0，填充图形，效果如图11-175所示。使用相同的方法填充其他星形相应的颜色，效果如图11-176所示。

图11-173 图11-174 图11-175 图11-176

（10）选择"钢笔"工具✐，在适当的位置绘制一条折线，将"控制"面板中的"描边粗细"◆ 0.283 点 ▼选项设置为3，按<Enter>键，效果如图11-177所示。设置描边色的CMYK值为0、100、100、0，填充描边，效果如图11-178所示。

（11）选择"选择"工具▶，按住<Alt>+<Shift>组合键的同时，水平向右拖曳图形到适当的位置，复制图形。效果如图11-179所示。按<Ctrl>+<Alt>+<4>组合键，按需要再复制多个图形，效果如图11-180所示。在页面空白处单击，取消图形的选取状态，美食杂志制作完成，最终效果如图11-181所示。

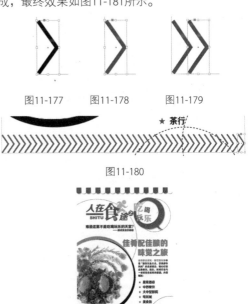

图11-177 图11-178 图11-179

图11-180

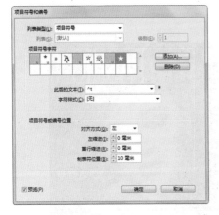

图11-181

练习1.1 项目背景及要求

1. 客户名称

瑞衣尚杂志。

2. 客户需求

《瑞衣尚》是一本为走在时尚前沿的人们准备的资讯类杂志。杂志主要介绍完美彩妆、流行影视和时尚服饰等信息。现要求进行杂志的封面设计，用于杂志的出版及发售，在设计上要营造出生活时尚和现代感。

3. 设计要求

（1）要求以极具现代气息的女性照片为主要内容。

（2）栏目标题的设计能诠释杂志内容，表现杂志特色。

（3）画面色彩要充满时尚性和现代感。

（4）设计风格具有特色，版式布局相对集中紧凑、合理有序。

（5）设计规格均为210mm（宽）×285mm（高）。

练习1.2 项目创意及制作

1. 素材资源

图片素材所在位置： 本书学习资源中的"Ch11/素材/制作时尚杂志封面/01、02"。

文字素材所在位置： 本书学习资源中的"Ch11/素材/制作时尚杂志封面/文字文档"。

2. 作品参考

设计作品参考效果所在位置： 本书学习资源中的"Ch11/效果/制作时尚杂志封面.indd"，效果如图11-182所示。

3. 制作要点

使用置入命令置入图片；使用文字工具和投影命令制作杂志名称；使用文字工具、投影命令、矩形工具和渐变色板填充工具制作栏目标题。

图11-182

课堂练习2——制作家居杂志封面

练习2.1 项目背景及要求

1. 客户名称

新潮流家居。

2. 客户需求

《新潮流家居》是一本室内家装参考手册，书中的内容具有设计感和使用性，能使人们了解室内家居。现要求进行书籍封面设计，用于图书的出版及发售，设计要符合宣传主题，能体现出实用感和创造性。

3. 设计要求

（1）画面要以家居照片和宣传文字为内容。

（2）封面文字直观醒目，信息全面。

（3）画面色彩搭配适宜，给人时尚和现代的印象。

（4）设计风格具有特色，版式布局新颖独特，能吸引读者阅读。

（5）设计规格均为210mm（宽）×285mm（高）。

练习2.2 项目创意及制作

1. 素材资源

图片素材所在位置： 本书学习资源中的"Ch11/素材/制作家居杂志封面/01、02"。

文字素材所在位置： 本书学习资源中的"Ch11/素材/制作家居杂志封面/文字文档"。

2. 作品参考

设计作品参考效果所在位置： 本书学习资源中的"Ch11/效果/制作家居杂志封面.indd"，效果如图11-183所示。

3. 制作要点

使用文字工具和填充工具添加杂志标题；使用字形命令插入字形符号；使用文字工具添加杂志栏目；使用置入命令添加图书条形码。

图11-183

习题1.1　项目背景及要求

1. 客户名称

宠物大观。

2. 客户需求

《宠物大观》是一本介绍各类宠物狗的杂志。本例是为宠物大观制作杂志封面，设计要求体现出宠物杂志的特点。

3. 设计要求

（1）画面要以宠物照片和介绍文字为内容。

（2）栏目名称的设计与整体画面相呼应，具有统一感。

（3）画面色彩搭配适宜，充满流行和新潮的特点。

（4）设计风格具有特色，版式布局新颖独特，能吸引读者阅读。

（5）设计规格均为210mm（宽）×285mm（高）。

习题1.2　项目创意及制作

1. 素材资源

图片素材所在位置：本书学习资源中的"Ch11/素材/制作宠物杂志封面/01、02"。

文字素材所在位置：本书学习资源中的"Ch11/素材/制作宠物杂志封面/文字文档"。

2. 作品参考

设计作品参考效果所在位置：本书学习资源中的"Ch11/效果/制作宠物杂志封面.indd"，效果如图11-184所示。

3. 制作要点

使用矩形工具、角选项命令、文字工具和X切变角度选项添加杂志标题；使用文字工具和描边面板添加杂志栏目；使用投影命令为文字添加投影效果；使用置入命令添加图书条形码。

图11-184

课后习题2——制作旅游杂志封面

习题2.1　项目背景及要求

1. 客户名称

欧洲休闲之旅杂志。

2. 客户需求

《欧洲休闲之旅》是一本介绍欧洲各地旅游景点及美食的杂志。本期杂志主要讲解威尼斯旅游攻略、景点历史沿革、传奇故事和特色小吃等。现要求进行杂志的封面设计，用于杂志的出版及发售，在设计上要体现出欧洲风情。

3. 设计要求

（1）画面要以实景照片和介绍文字为内容。

（2）栏目名称的设计与杂志内容相呼应，具有统一感。

（3）画面色彩搭配适宜，营造出温馨唯美的欧洲风情。

（4）设计风格具有特色，版式分割精巧活泼，能吸引读者阅读。

（5）设计规格均为210mm（宽）×285mm（高）。

习题2.2　项目创意及制作

1. 素材资源

图片素材所在位置：本书学习资源中的"Ch11/素材/制作旅游杂志封面/01、02"。

文字素材所在位置：本书学习资源中的"Ch11/素材/制作旅游杂志封面/文字文档"。

2. 作品参考

设计作品参考效果所在位置：本书学习资源中的"Ch11/效果/制作旅游杂志封面.indd"，效果如图11-185所示。

3. 制作要点

使用矩形工具、渐变羽化命令、置入命令和效果面板制作杂志底图；使用文字工具和填充工具添加杂志标题；使用文字工具添加杂志栏目；使用置入命令添加图书条形码。

图11-185

11.4.1　项目背景及要求

1. 客户名称

徐华记散养鸡蛋。

2. 客户需求

本例制作徐华记散养鸡蛋包装。要求鸡蛋的包装以散养鸡蛋为主题，表现出鸡蛋健康营养的品质，突出产品特色，吸引消费者购买。

3. 设计要求

（1）包装使用象征健康的颜色，让人感受到清新自然的感觉。

（2）包装设计要符合产品特色。

（3）图片的应用及搭配要体现出鸡蛋健康营养的品质。

（4）以真实简洁的方式向观者传达信息内容。

（5）设计规格均为420mm（宽）×297mm（高）。

11.4.2　项目创意及制作

1. 设计素材

图片素材所在位置：本书学习资源中的"Ch11/素材/制作鸡蛋包装/01~08"。

文字素材所在位置：本书学习资源中的"Ch11/素材/制作鸡蛋包装/文字文档"。

2. 设计作品

设计作品参考效果所在位置：本书学习资源中的"Ch11/效果/制作鸡蛋包装.indd"，效果如图11-186所示。

图11-186

3. 制作要点

使用参考线分割页面；使用绘图工具、直接选择工具和路径查找器面板制作包装平面展开结构图；使用矩形工具、角选项命令和缩放命令制作内陷角效果；使用置入命令置入素材图片；使用直线工具和投影命令制作折叠效果；使用文字工具添加包装的相关内容。

11.4.3　案例制作及步骤

1. 绘制包装平面展开结构图

（1）选择"文件 > 新建 > 文档"命令，弹出"新建文档"对话框，设置如图11-187所示。单击"边距和分栏"按钮，弹出"新建边距和分栏"对话框，设置如图11-188所示，单击"确定"按钮，新建一个页面。选择"视图 > 其他 > 隐藏框架边缘"命令，将所绘制图形的框架边缘隐藏。

图11-187

图11-188

（2）选择"选择"工具，在页面中拖曳一条水平参考线，在"控制"面板中将

"*y*"轴选设为55mm，如图11-189所示，按<Enter>键确认操作，如图11-190所示。使用相同的方法，分别在72mm、127mm、213mm和243mm处新建一条水平参考线，效果如图11-191所示。

图11-189

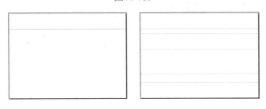

图11-190　　　　图11-191

（3）选择"选择"工具 ，在页面中拖曳一条垂直参考线，在"控制"面板中将"*x*"轴选项设为24mm，如图11-192所示，按<Enter>键确认操作，效果如图11-193所示。使用相同的方法，分别在146mm、203mm、325mm、382mm、390mm和398mm处新建一条垂直参考线，如图11-194所示。选择"视图 > 网格和参考线 > 锁定参考线"命令，将参考线锁定。

图11-192

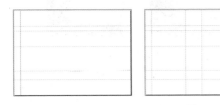

图11-193　　　　图11-194

（4）选择"矩形"工具 ，在适当的位置绘制一个矩形，填充图形为白色，并设置描边色为无，效果如图11-195所示。选择"钢笔"工具 ，绘制一个闭合路径，设置填充色的CMYK值为76、16、100、0，填充图形，设置描边色为无，效果如图11-196所示。

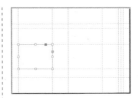

图11-195

图11-196

（5）选择"直线"工具 ，按住<Shift>键的同时在适当的位置绘制一条直线，在"控制"面板中将"描边粗细" 选项设置为1点，按<Enter>键。设置描边色的CMYK值为65、0、63、0，填充描边，效果如图11-197所示。

图11-197

（6）单击"控制"面板中的"向选定的目标添加对象效果"按钮 ，在弹出的菜单中选择"投影"命令，弹出"效果"对话框，设置投影颜色的CMYK值为76、16、100、17，其他选项的设置如图11-198所示。单击"确定"按钮，效果如图11-199所示。

图11-198

图11-199

（7）选择"矩形"工具 ，在适当的位置绘制一个矩形，设置填充色的CMYK值为76、16、

100、0，填充图形，设置描边色为无，效果如图11-200所示。

（8）选择"添加锚点"工具 ，在矩形右边适当的位置单击鼠标左键，添加一个锚点，如图11-201所示。用相同的方法在矩形左边适当的位置单击鼠标左键再添加一个锚点，如图11-202所示。

图11-200　　　　图11-201　　　　图11-202

（9）选择"直接选择"工具 ，选取需要的锚点，向左拖曳锚点到适当的位置，效果如图11-203所示。选取左边的锚点，将其拖曳到适当的位置，如图11-204所示。

（10）选择"矩形"工具 和"椭圆"工具 ，在适当的位置分别绘制矩形和椭圆形，如图11-205所示。

图11-203　　　　图11-204　　　　图11-205

（11）选择"选择"工具 ，按住<Shift>键的同时，选取需要的图形，如图11-206所示。选择"窗口 > 对象和版面 > 路径查找器"命令，弹出"路径查找器"面板，单击"减去"按钮 ，如图11-207所示，生成新对象，效果如图11-208所示。

图11-206

图11-207

（12）选择"矩形"工具 ，在适当的位置绘制一个矩形，如图11-209所示。设置填充色的CMYK值为72、0、100、0，填充图形，设置描边色为无，效果如图11-210所示。

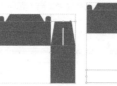

图11-208　　　　图11-209　　　　图11-210

2．制作产品名称

（1）选择"文件 > 置入"命令，弹出"置入"对话框，选择本书学习资源中的"Ch11 > 素材 > 制作鸡蛋包装 > 01、02、03"文件，单击"打开"按钮，在页面的空白处分别单击鼠标左键置入图片。选择"自由变换"工具 ，分别将图片拖曳到适当的位置并调整其大小，效果如图11-211所示。

（2）选择"选择"工具 ，选取需要的图片，在"控制"面板中将"不透明度" 100% 选项设置为50％，按<Enter>键，效果如图11-212所示。

图11-211　　　　　　图11-212

（3）选择"矩形"工具 ，在适当的位置绘制一个矩形，在"控制"面板中将"描边粗细" 0.283 选项设置为1.4，按<Enter>键，效果如图11-213所示。设置描边色的CMYK值为76、16、100、0，填充描边，效果如图11-214所示。

图11-213　　　　　　图11-214

（4）保持图形选取状态。选择"对象 > 角选项"命令，在弹出的对话框中进行设置，如图11-215所示。单击"确定"按钮，效果如图11-216所示。

图11-215

图11-216

（5）保持图形选取状态。选择"对象 > 变换 > 缩放"命令，弹出"缩放"对话框，选项的设置如图11-217所示。单击"复制"按钮，复制并缩小图形，效果如图11-218所示。按<Shift+X>组合键，互换填色和描边，效果如图11-219所示。

图11-217　　　　图11-218　　　　图11-219

（6）选择"文字"工具，在适当的位置拖曳一个文本框，输入需要的文字。将输入的文字选取，在"控制"面板中选择合适的字体并设置文字大小，填充文字为白色，效果如图11-220所示。

（7）在"控制"面板中将"行距"选项设置为38；"字符间距"选项设置为170，按<Enter>键，取消文字选取状态，效果如图11-221所示。

（8）选择"文字"工具，在适当的位置拖曳一个文本框，输入需要的文字并选取文字，在"控制"面板中选择合适的字体和文字大小，

效果如图11-222所示。

图11-220　　　图11-221　　　图11-222

（9）选择"文件 > 置入"命令，弹出"置入"对话框，选择本书学习资源中的"Ch11 > 素材 > 制作鸡蛋包装 > 06"文件，单击"打开"按钮，在页面空白处单击鼠标左键置入图片。选择"自由变换"工具，将图片拖曳到适当的位置并调整其大小，效果如图11-223所示。

（10）选择"直排文字"工具，在适当的位置拖曳一个文本框，输入需要的文字并选取文字，在"控制"面板中选择合适的字体并设置文字大小，填充文字为白色，效果如图11-224所示。

（11）选择"文件 > 置入"命令，弹出"置入"对话框，选择本书学习资源中的"Ch11 > 素材 > 制作鸡蛋包装 > 05"文件，单击"打开"按钮，在页面空白处单击鼠标左键置入图片。选择"自由变换"工具，将图片拖曳到适当的位置并调整其大小，效果如图11-225所示。

图11-223　　　图11-224　　　图11-225

（12）选择"文字"工具，在适当的位置拖曳一个文本框，输入需要的文字并选取文字，在"控制"面板中选择合适的字体和文字大小，效果如图11-226所示。设置文字填充色的CMYK值为76、16、100、0，填充文字，取消文字的选取状态，效果如图11-227所示。

图11-226　　　　　　图11-227

（13）选择"选择"工具 ，选取需要的图片，如图11-228所示。按住<Alt>键的同时，向上拖曳图片到适当的位置，复制图片，并调整其大小，效果如图11-229所示。

图11-228

图11-229

（14）选择"文字"工具 T，在适当的位置拖曳一个文本框，输入需要的文字并选取文字，在"控制"面板中选择合适的字体和文字大小，填充文字为白色，效果如图11-230所示。

（15）选择"文字"工具 T，在适当的位置拖曳一个文本框，输入需要的文字并选取文字，在"控制"面板中选择合适的字体和文字大小，效果如图11-231所示。设置文字填充色的CMYK值为76、16、100、0，填充文字，取消文字的选取状态，效果如图11-232所示。

图11-230　　　　图11-231　　　　图11-232

（16）选择"文字"工具 T，在适当的位置分别拖曳文本框，输入需要的文字并选取文字，在"控制"面板中分别选择合适的字体并设置文字大小，效果如图11-233所示。

（17）选择"文字"工具 T，选取需要的文字，在"控制"面板中将"行距" 选项

设置为11，按<Enter>键，效果如图11-234所示。

图11-233

图11-234

3. 制作包装顶面与侧面

（1）选择"文件 > 置入"命令，弹出"置入"对话框，选择本书学习资源中的"Ch11 > 素材 > 制作鸡蛋包装 > 01"文件，单击"打开"按钮，在页面空白处单击鼠标左键置入图片。选择"自由变换"工具，将图片拖曳到适当的位置并调整其大小，选择"选择"工具 ，裁切图片，效果如图11-235所示。

图11-235

（2）选择"窗口 > 效果"命令，弹出"效果"面板，将混合模式选项设置为"正片叠底"，"不透明度"选项设为80%，如图11-236所示，按<Enter>键，效果如图11-237所示。

图11-236　　　　图11-237

（3）选择"文字"工具 $\boxed{T}$ ，在适当的位置拖曳一个文本框，输入需要的文字并选取文字，在"控制"面板中选择合适的字体和文字大小，填充文字为白色，效果如图11-238所示。在"控制"面板中将"字符间距" $\boxed{\text{AV} \quad 0 \quad \blacktriangledown}$ 选项设置为-100，按<Enter>键，效果如图11-239所示。

图11-238　　　　　图11-239

（4）选择"文字"工具 $\boxed{T}$ ，选取文字"土家"，在"控制"面板中设置文字大小，效果如图11-240所示。在"控制"面板中将"基线偏移" $\boxed{\text{A}^{\updownarrow} \quad 0点}$ 选项设置为5，按<Enter>键，取消文字的选取状态，效果如图11-241所示。

图11-240　　　　　图11-241

（5）选择"文件 > 置入"命令，弹出"置入"对话框，选择本书学习资源中的"Ch11 > 素材 > 制作鸡蛋包装 > 04"文件，单击"打开"按钮，在页面空白处单击鼠标左键置入图片。选择"自由变换"工具 $\boxed{\times}$ ，将图片拖曳到适当的位置并调整其大小，选择"选择"工具 $\boxed{\blacktriangle}$ ，裁切图片，效果如图11-242所示。

图11-242

（6）选择"效果"面板，将混合模式选项设置为"正片叠底"，"不透明度"选项设为

33%，如图11-243所示，按<Enter>键，效果如图11-244所示。

 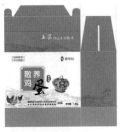

图11-243　　　　　图11-244

（7）选择"选择"工具 $\boxed{\blacktriangle}$ ，选取需要的图形和文字，如图11-245所示。按住<Alt>+<Shift>组合键的同时，水平向右拖曳图形和文字到适当的位置，复制图形和文字，效果如图11-246所示。

图11-245

图11-246

（8）选择"选择"工具 $\boxed{\blacktriangle}$ ，选取需要的图形，如图11-247所示。设置描边色为白色，填充描边，效果如图11-248所示。再次选取图形，填充图形为白色，效果如图11-249所示。

图11-247　　　图11-248　　　图11-249

（9）选择"文字"工具 **T**，选取文字"散养鸡"，如图11-250所示。设置文字填充色的CMYK值为76、16、100、0，填充文字，取消文字选取状态，效果如图11-251所示。

图11-250　　　　图11-251

（10）选择"选择"工具 **▶**，按住<Shift>键的同时，选取需要的图形和文字，如图11-252所示。按住<Ctrl>+<Shift>组合键的同时，等比例缩小图形和文字，效果如图11-253所示。使用相同的方法调整其他图形和文字大小，效果如图11-254所示。

图11-252　　　　图11-253　　　　图11-254

（11）选择"文字"工具 **T**，在适当的位置拖曳一个文本框，输入需要的文字。将输入的文字选取，在"控制"面板中选择合适的字体并设置文字大小，效果如图11-255所示。在"控制"面板中将"行距" **0点 ▼** 选项设置为7，按<Enter>键，效果如图11-256所示。

图11-255　　　　　　　图11-256

（12）按<Ctrl>+<O>组合键，打开本书学习资源中的"Ch11 > 素材 > 制作鸡蛋包装 > 08"文件，按<Ctrl>+<A>组合键将其全选。按<Ctrl>+<C>组合键复制选取的图像。返回到正在编辑的页面，按<Ctrl>+<V>组合键，将其粘贴到页面中，选择"选择"工具 **▶**，拖曳复制的图形到适当的位置，效果如图11-257所示。

图11-257

（13）选择"选择"工具 **▶**，选取需要的图形和文字，如图11-258所示。按住<Alt>+<Shift>组合键的同时，水平向右拖曳到适当的位置，复制图形和文字，效果如图11-259所示。

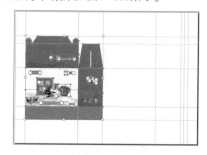

图11-258

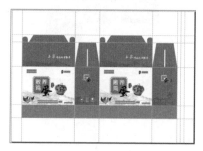

图11-259

（14）选择"文件 > 置入"命令，弹出"置入"对话框，选择本书学习资源中的"Ch11 > 素材 > 制作鸡蛋包装 > 07"文件，单击"打开"按钮，在页面空白处单击鼠标左键置入图片。选择"自由变换"工具，将图片拖曳到适当的位置并调整其大小，效果如图11-260所示。

图11-260

（15）选择"矩形"工具，在适当的位置绘制一个矩形，设置填充色的CMYK值为72、0、100、0，填充图形，设置描边色为无，效果如图11-261所示。

图11-261

（16）选择"直接选择"工具，选取需要的锚点，向下拖曳锚点到适当的位置，效果如图11-262所示。选取下方需要的锚点，向上拖曳锚点到适当的位置，如图11-263所示。

图11-262

图11-263

（17）选择"选择"工具，按住<Alt>+<Shift>组合键的同时，水平向右拖曳图形到适当的位置，复制图形。设置填充色的CMYK值为0、0、0、15，填充图形，效果如图11-264所示。

（18）选择"直接选择"工具，按住<Shift>键的同时，选取需要的锚点，如图11-265所示，向下拖曳锚点到适当的位置，效果如图11-266所示。选取下方需要的锚点，向上拖曳锚点到适当的位置，如图11-267所示。在空白页面处单击，取消图形的选取状态，鸡蛋包装制作完成，最终效果如图11-268所示。

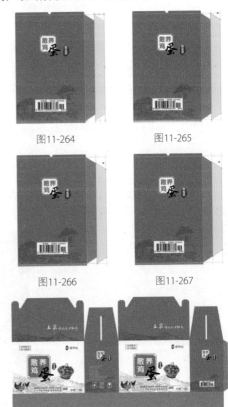

图11-264   图11-265

图11-266   图11-267

图11-268

练习1.1 项目背景及要求

1. 客户名称

中国国粹文化出版社。

2. 客户需求

京剧是中国五大戏曲剧种之一，被视为中国国粹，位列中国戏曲三鼎甲"榜首"。现为宣传中国国粹，特录制了戏剧唱片，要求以唱片内容为主题，设计出唱片包装，将产品特色充分表现，还要能够吸引听众。

3. 设计要求

（1）包装要以红色为主，体现出传统特色。

（2）字体要简洁大气，配合整体的包装风格，让人印象深刻。

（3）设计图文搭配编排合理，视觉效果强烈。

（4）以真实简洁的方式向观者传达信息内容。

（5）设计规格均为210mm（宽）×100mm（高）。

练习1.2 项目创意及制作

1. 素材资源

图片素材所在位置：本书学习资源中的"Ch11/素材/制作戏剧唱片包装/01~08"。

文字素材所在位置：本书学习资源中的"Ch11/素材/制作戏剧唱片包装/文字文档"。

2. 作品参考

设计作品参考效果所在位置：本书学习资源中的"Ch11/效果/制作戏剧唱片包装.indd"，效果如图11-269所示。

图11-269

3. 制作要点

使用置入命令、文字工具、直排文字工具和绘图工具添加标题及相关信息；使用投影命令为文字添加投影效果；使用基本羽化命令和效果面板制作图片半透明效果；使用矩形工具和贴入内部命令制作图片剪切效果。

课堂练习2——制作巧克力包装

练习2.1　项目背景及要求

1. 客户名称

依蒂贝安斯。

2. 客户需求

依蒂贝安斯是一家经营各类巧克力的食品公司，现要求制作一款针对新推出的巧克力的外包装设计。设计要求传达出巧克力颗粒饱满、品质上乘的特点，并且包装要画面丰富，能够快速地吸引消费者的注意。

3. 设计要求

（1）包装的风格以高端大气为主，突出对品牌文化的宣传。

（2）画面主要使用巧克力图片，明确主题。

（3）包装的色彩以金色为主，体现出巧克力浓郁香甜的特点。

（4）以真实简洁的方式向观者传达信息内容。

（5）设计规格均为220mm（宽）×220mm（高）。

练习2.2　项目创意及制作

1. 素材资源

图片素材所在位置： 本书学习资源中的"Ch11/素材/制作巧克力包装/01~03"。

文字素材所在位置： 本书学习资源中的"Ch11/素材/制作巧克力包装/文字文档"。

2. 作品参考

设计作品参考效果所在位置：
本书学习资源中的"Ch11/效果/制作巧克力包装.indd"，效果如图11-270所示。

图11-270

3. 制作要点

使用置入命令置入需要的图片；使用矩形工具、多重复制命令和切变命令制作装饰线条；使用文字工具和字符面板添加产品信息；使用多边形工具、角选项和路径查找器面板制作需要的装饰图形。

课后习题1——制作养生书籍包装

习题1.1 项目背景及要求

1. 客户名称

美食之家出版社。

2. 客户需求

《阿梅养生汤》是美食之家出版社出版的一本介绍药膳技巧的书。书中主要介绍如何正确运用药材及食物更好地调养身体，在满足味蕾的同时提供身体所需的养分。现要求通过对书名的设计和其他图形的编排，制作出醒目且不失活泼的封面。

3. 设计要求

（1）包装要使用浅黄色，体现出传统古朴的特点。

（2）文字的设计与图形融为一体，增添设计感和创造性。

（3）添加装饰图案和花纹与宣传的主题相呼应，增添氛围感。

（4）食物图片与文字相呼应，引人垂涎的同时突出主题。

（5）设计规格均为348mm（宽）×239mm（高）。

习题1.2 项目创意及制作

1. 素材资源

图片素材所在位置： 本书学习资源中的"Ch11/素材/制作养生书籍包装/01~04"。

文字素材所在位置： 本书学习资源中的"Ch11/素材/制作养生书籍包装/文字文档"。

2. 作品参考

设计作品参考效果所在位置： 本书学习资源中的"Ch11/效果/制作养生书籍包装.indd"，效果如图11-271所示。

3. 制作要点

使用置入命令和选择工具添加背景和美食图片；使用矩形工具、角选项命令、直接选择工具和添加锚点工具制作书名边框；使用文字工具、直线工具和字符面板添加封面信息；使用效果面板制作图片的渐变羽化效果。

图11-271

课后习题2——制作比萨包装

习题2.1　项目背景及要求

1. 客户名称

林先生PIZZA。

2. 客户需求

林先生PIZZA是一家经营各种口味比萨的公司。现要制作一款针对外带比萨的包装设计，要求既要体现出比萨的种类、简单易携带，又要达到推销产品、健康环保和刺激消费者购买的目的。

3. 设计要求

（1）包装要生动形象地展示出宣传主体。

（2）颜色的运用要对比强烈，能让人眼前一亮，增强视觉感。

（3）图形与文字的处理能体现出食品特色。

（4）整体设计要简单大方、清爽明快，易使人产生购买欲望。

（5）设计规格均为200mm（宽）×200mm（高）。

习题2.2　项目创意及制作

1. 素材资源

图片素材所在位置：本书学习资源中的"Ch11/素材/制作比萨包装/01"。

文字素材所在位置：本书学习资源中的"Ch11/素材/制作比萨包装/文字文档"。

2. 作品参考

设计作品参考效果所在位置：本书学习资源中的"Ch11/效果/制作比萨包装.indd"，效果如图11-272所示。

图11-272

3. 制作要点

使用椭圆工具、矩形工具、路径查找器面板和填充工具制作包装展开图；使用矩形工具、角选项命令和文字工具制作产品名称。